躍競思維

LEAP

IMD瑞士洛桑管理學院教授 俞昊 Howard Yu 著

許恬寧 譯

How to Thrive
in a World
Where Everything
Can Be Copied

各界推薦

「當今的經濟情勢瞬息萬變，顛覆性的轉型變革已刻不容緩。企業若仍停留於只開發新產品或提供新服務的舊模式，已不足以應對世界級的挑戰。企業領導人必須準備好帶領組織「跳躍」至新的知識領域，並充份開拓及善用新的資源。《躍競思維》是企業轉型變革的重要指南，幫助組織持續進化、同時發掘和掌握新的機會，一路領先。」

——施崇棠，華碩電腦股份有限公司董事長

「俞昊的研究讓我們看見了管理學理論如何被建立與不斷修正改善。他謹慎地梳理企業過去如何發現與抓住成長的機會。我認為書中的案例研究極具說服力，其中點出的管理原則更是適合所有企業領導者。」

——克里斯汀生（Clayton Christensen），哈佛商學院克拉克講座教授

「精彩絕倫的一本書。管理者若是期望公司能夠永續成長，他們將碰上的基本挑戰，本書都藉由科學、社會學、企業界深具說服力的例子，引申出重要概念。」

——鮑爾（Joseph L. Bower），
**　哈佛商學院唐納·寇克·大衛講座榮譽教授**

「本書作者主張，即便是在未來的機器智慧年代，人類能夠創新的能力，將依舊是企業能夠欣欣向榮的主因。本書提供全球經理與執行長寶貴建議。」

——高文達拉簡（V. G. Govindarajan），

達特茅斯大學塔克商學院考克斯管理榮譽教授

「俞教授這本優秀新書回答了企業最根本的問題——我們如何能憑藉不斷順應潮流，讓企業長盛不衰？本書將探討科技的力量，點出今日的全球市場現況，解釋如何能隨機應變。對企業來講，這是一個適者生存的世界，不變不行。本書所提供的真知灼見適合每一位領導者。」

——納斯托普（Jørgen Vig Knudstorp），

樂高品牌集團（LEGO brand group）執行董事長

「在這個全球一起競爭、瞬息萬變的世界，企業要長青變得愈來愈困難。本書提供了特別的策略概念，協助複雜組織自我改造，推動永續成長。」

——羅納（Urs Rohner），

瑞士信貸集團（Credit Suisse Group）董事長

「在這個年代,大企業被新創公司挑戰,百年企業長期倚賴的模式突然失靈,你的下一個競爭者,從完全不相關的產業冒出來。本書作者提供了重要指引,教大家改造公司。組織展開轉型過程時,高層必須拿出同理心、謙卑為懷,鼓勵上下一心。『大數據＋人性』的組合,將從根本上改變企業,我高度推崇本書。」

——韋洛(Poul Weihrauch),Mars Inc. 全球寵物事業部

「本書引人深思。在這個美麗新世界,連結與智慧機器無所不在,然而人類的好奇心與創意的重要性,將不減反增。身為領導者的我們,除了必須了解為何得『跳』,也該學習方法,不能只是漸進式地提升已知的事。」

——卡維能(Jouko Karvinen),芬蘭航空(Finnair)董事長

「科技的板塊移動重塑了企業獲勝的方式。本書作者帶大家看優秀管理在今日扮演的關鍵角色。這本重要指南可以協助管理者替公司做好準備,迎接長長久久的成功。」

——法拉利(Keith Ferrazzi),
法拉利綠訊顧問公司(Ferrazzi Greenlight),
暢銷書《別自個兒用餐》(Never Eat Alone)作者

謹以本書紀念家父俞淵

目錄

————— 台灣版序 —————

未來的競爭，將會很不一樣

　　本書中文版付梓的同一時間，我幾乎天天與高階主管班
的學員談到近日的華為爭議事件。如果是幾年前，根本無法
想像商學院會出現這樣的討論。理論上，我們身處愈來愈自
由開放的市場經濟；我們告訴自己，一日千里的網路技術與
運算能力所帶來的連結力，將加速促成全球整合。科技顛覆
帶來前所未有的機會，帶動企業進一步追求敏捷度，高階主
管必須隨時掌握新脈動，才能搶占市場先機。全球商學院在
課堂上傳授的基本模式，多是強調「獨占是壞事，競爭是好
事」，深信政府干預將導致市場缺乏效率，解除管制與自由

放任經濟才是上策。

然而，事情的發展並不是那麼一回事。

不可諱言，要是華為沒有打造足夠的 IT 基礎設施，Apple 無法打下中國這個熱情搶購 iPhone 的最大國際市場；要是沒有華為及其他成本低廉的電信設備商，Facebook 也不可能在印度、孟加拉與整個非洲大陸暢行無阻，在海外擴張旗下的社群網絡。世上必須有某個人在某個角落，以低廉成本架設與維修無數的行動通信基地台，提供相關服務，我們才可能隨時處於連結狀態。

然而，華為卻成為眾矢之的。原因是，在連結力與智慧機器的年代，華為象徵著大家想爭奪掌控關鍵技術的戰役。去年我造訪深圳時，當地的企業主管解說該市絕大多數的基礎建設都將數位化，背後的骨幹技術將是華為的 5G 網路，預計將解決連網電腦的網速與延遲問題。換句話說，在下一代網路系統的輔助下，自駕車等裝置本身所需的運算能力將大幅減少，改由城市的基礎建設支援。

這是很具顛覆性的願景，跟位於加州的 Intel 提出的版本非常不同。自駕車的研發步上軌道後，人們的想像是車輛將不再是傳統汽車，而更像有輪子的電腦，必須配載強大微晶片，Intel 將同樣稱霸那塊運輸市場，然而華為對於互聯汽車的概念有不同想法，直接阻撓了 Intel 在中國等地的策略佈局。

相關事態的發展，聽起來交給 IT 產業的高層去煩惱就好，但其實這個議題跟每一個人都有關，因為在各行各業的經理人所處的世界，不論是電信設備、鋼鐵、鋁，任何進口品都可能瞬間變成「國安威脅」。從自駕車、可再生能源、智慧城市，一直到人工智慧，技術路線愈來愈多元，不同標準百花齊放，資深主管在投資與部署技術時被迫更加步步為營。該與誰同盟？該不該、有沒有辦法只投資一種標準？

今日的企業面臨沉重的壓力，不得不在情勢尚不明朗的狀態下就往前跳躍，勇敢擁抱新技術與新發現，不過話說回來，這種壓力在歷史上其實不是新出現的。能夠生存數十年仍屹立不搖的企業，全都必須主動接觸來自其他產業的新知識，精準篩選值得引進的新觀念，重新打造自家提供服務或產品的方式。各位手中的這本書，摘錄了產業史中的重要啟示，掌握其中的關鍵原則，讓我們能搶先為二十一世紀下半葉打好基礎。

本書除了談企業策略，也探討個人可以如何決定自己的命運，不論是資深主管或中階員工，我們每個人都必須為明天打算。隨著智慧機器與人工智慧興起，個人所掌握的一切專家知識，有一天都可能被納入機器演算法，鍵盤敲幾下就能被複製，我們必須判斷自己的工作內容的哪些領域，未來將依舊只有人類能執行，仰賴人類獨有的創意、同理心與建構意義的能力，不會輕易地被冰冷的機器取代。

華為的爭議終究會漸漸平息。全球各地將建設 5G，帶來更無遠弗屆的連結力。然而，一般民眾、政府、投資人的想法也會轉向,在思考企業議題時把國家競爭力擺在更重要的位置,未來的企業將不再以相同的方式製造產品或提供服務。然而,值得支持的企業除了能帶來理想的財務報酬,也要有能力培植這個世界尚未見過的新能力,如此才能抵擋模仿者帶來的競爭。我們正處於國家利益為優先的新資本主義時代。

——— 前言 ———

永續優勢不可能？

海內外新市場的出現……如同產業成熟的過程，不斷從
內部改變經濟結構，持續摧毀舊結構。創造性破壞是資
本主義的基本事實。

——熊彼得（Joseph Schumpeter）

持久戰不好打，一打就耗時數十年或上百年的戰爭，更
是令人難以想像。自影響深遠的工業革命以來，所有富強的
國家都靠模仿：法國人模仿英國人，美國人模仿德國人，日
本更是四處取經，任何國家都能成為仿效的對象。

競爭之中，無數的輸家消失在歷史的舞台上，但有些產
業中的先進者卻屹立不搖，走過世紀的考驗。一切究竟是怎
麼一回事？

逐底競爭

一八七二年，南卡羅萊納州，格林維爾

距今一百五十年前，美國南卡羅萊納州的格林維爾市（Greenville），市長名叫亨利·P·哈彌特（Henry P. Hammett）。哈彌特市長是標準的心寬體「胖」，家中馬車經過特別設計，穩穩撐住他重量級的身材。格林維爾的士紳，沒有誰不認識這位鬍鬚刮得一乾二淨、下顎線條堅毅、皮膚蒼白的禿頭紳士。一天，這位土生土長的市長告知城市俱樂部的成員，格林維爾即將迎來「里奇蒙丹維爾鐵路」（Richmond and Danville Railroad）。[1] 哈彌特大聲向群眾宣布：「整條里奇蒙丹維爾鐵路，以及經過我們附近的皮埃蒙特〔Piedmont〕這段鐵路分支，一路穿越天然資源豐富的地帶。我們的國家將因此繁榮。來往的旅客，將折服於這條路線帶來的自然美景與資源。手中握有資金的人士，萬萬不可錯過這個絕佳投資機會。」[2] 在哈彌特市長心中，這條興建中的新鐵路是皮埃蒙特經濟起飛的最佳機會，這一區將不再是白人的窮鄉僻壤，落後又原始，只有一窮二白的農夫和山區居民。

一八七〇年代晚期至一八九〇之間是美國的鐵路黃金時期，那段期間大約興建了七萬三千英里的鐵路，也就是一年就蓋了七千英里左右，其中大部分的路線深入美國南部（Deep South）與西部地帶。[3] 串連起全國各地的鐵路網願景十分誘人，橫越皮埃蒙特的路線，不但連接北卡羅萊納州的

最大城夏洛特（Charlotte），以及喬治亞州的首府亞特蘭大
（Atlanta），還上通紐約，下接紐奧良，以最短的直線通往各
地，皮埃蒙特鐵路因此在那個民航機尚未問世的年代[4]，自
稱為「航空」（Air-Line）路線。此外，全國鐵路網「錢」途
無限的概念，誘人到哈彌特市長身體力行自己在商會上的演
說內容，成立「皮埃蒙特製造公司」（Piedmont Manufacturing
Company, PMC），大大利用交通建設帶來的便捷性。一八七
六年三月十五日起，公司開始出口棉布，利用製造業當時最
先進的紡織機器，將棉布滾在直徑達三十六英寸（約九十公
分）的圓筒上，送往中國這個海外快速成長的市場。

　　哈彌特市長的生產計劃一舉成功。皮埃蒙特製造公司
在一八八三年購入要價約八萬美元的機器，成為南卡羅萊納
州最大的紡織製造商，廠內整整有兩萬五千七百九十六個紡
錘、五百五十四台織布機。五年後，哈彌特開設「皮埃蒙特
二號廠」，接著隔年又成立「皮埃蒙特三號廠」。

　　中國人十分歡迎便宜耐用的美國棉布，英國的進口品則
因為要價高，開始失寵。皮埃蒙特工資成本低廉、廠房又大
的名聲，開始在全球廣傳。紡織品的需求和煤炭、石油、鋼
鐵等許多商品一樣，相當富有彈性。價格便宜，消費者就會
多買一點；要是漲了，那就算了。一名曾經遊歷中國各地的
旅人表示：「皮埃蒙特的品牌在東方無孔不入」。[5]

　　然而，皮埃蒙特製造公司雖然急速擴展，很快就被其
他競爭者比下去。國際市場起飛後，霍爾特（Holt）、坎

農（Cannon）、格瑞（Gray）、斯普林斯（Springs）、羅夫（Love）、杜克（Duke）、哈尼斯（Hanes）等大型業者攻城略地，搶走自工業革命以來就由英國製造商掌握的亞洲市場。一九三〇年代時，美國南方一共占全美 75％ 的紡錘量。地方新聞經常報導勤奮的南方人，如何利用高超的銷售手腕與聰明頭腦，所向披靡，逼得其他地方的業者紛紛歇業。

接著日本的一元上衣登場。[6]

二戰結束後沒多久，工資低廉的日本人，也開始掌握物美價廉的製造優勢。這些勤奮的外國人所製造的紡織品，比美國南方的皮埃蒙特產品還便宜。不過，接下來的數十年間，日本的服飾生產也被追過，香港、台灣、南韓的勞工又更加便宜。等那些地方的工資也上漲後，紡織廠又移至中國、印度、孟加拉，以驚人低價搶市。二〇〇〇年時，中國與印尼的紡織工人時薪不到一美元，美國工人則約達十四美元。

到了二十世紀尾聲，美國人口密集的大型紡織城鎮，全數凋零，不見昔日榮光。工廠建築物被塵封棄置，或是挪作他用，有的變成博物館。「皮埃蒙特一號廠」由於在美國南方的紡織史上具有重要意義，名列國家歷史名勝，但一九八三年十月的一場大火，燒燬了大部分廠區，不過沒有任何傷亡，因為皮埃蒙特一號廠其實早在一九七七年就不再生產紡織品，杳無人煙，野草從公司停車場裂縫冒出來。大火後，剩下的廢墟被拆解，悄悄拖走，自此被《美國國家史蹟名錄》（*National Register of Historic Places*）除名[7]，只剩「格林維爾紡織遺產協會」（Greenville Textile Heritage Society）今日依舊以部分歷史學家高度認可的口述史研究法，努力記錄下當地耆老親身經歷過的記憶。[8]

　　有的人可能會說，千秋萬代原本就不可能，紡織製造這個產業，只不過是又特別瞬息萬變，然而紡織的情形其實並非特例，例如再看個人電腦的歷史。

　　想一想硬碟（HDD）這個令人驚歎的技術。如果是傳統的磁帶儲存法，使用者若需要擷取位於磁帶尾端的資料，必須等裝置從頭把磁帶跑一遍，才能查到相關資訊。硬碟的問世加快了查詢速度，存取一段數據時，不像磁帶是依序存取，而是隨機存取，由懸臂上的磁頭讀取磁碟資料，轉速每分鐘約達七千次。這項技術上的成就，有如機師在高度三千公尺處（約九八五〇英尺），以六百多英里的時速駕駛戰鬥機，同時將網球丟進水桶中，重覆丟六百次而毫無失誤。在一九五〇年代，這樣的先進工程技術只有 IBM 位於聖荷西的實驗室才辦得到。第一個成功的硬碟型號，自愛迪生早期的圓筒留聲機中獲得大量靈感，一九五六年問世。[9]在那之後，硬碟技術大幅改良，實體尺寸縮小，儲存量倍增，但創新中心移至他方，競爭者今日遍布全球，先是冒出日本的東芝（Toshiba），再來是台灣的數家公司。各家業者以效率超高的製程競爭，戰況激烈，產業打起價格戰，毫無利潤可言。

　　可再生能源產業也一樣。風力發電機一度完全由西方公司製造，例如產業龍頭奇異（General Electric, GE）、西門子（Siemens）、維斯塔斯（Vestas），但風光不到二十年，中國製造商便成為全球市場的主要供應商，例如金風科技與華銳風電從先前的產業巨擘手中搶下市占率。太陽能板也一樣，中國的英利在二〇一三年以全球最大製造商的身分成為業界領頭羊。十大太陽能板製造商中，高達七家以中國為據點，全是產業中的後進者。

從紡織、電腦儲存，到可再生能源，有一個共同的問題：現代經濟中，早期引領潮流的先進者是否注定被取代？也或許有可能在競賽中存活下來？

神奇藥丸
二〇一四年，瑞士巴塞爾

從瑞士西北的巴塞爾（Basel）市中心開車五分鐘，即可抵達一個縱橫交錯的辦公建築群：全球第三大藥廠諾華（Novartis）的全球總部。從廣大中庭擴散出去的各棟大樓，充滿現代建築元素：不鏽鋼骨架配玻璃落地窗、極簡主義的碎石子庭園，點綴四周的顯眼時髦現代雕塑品。要不是因為成群走動的黑西裝經理人與白領技術員，你會以為這裡是現代藝術博物館。

一眼望不盡的建築物中，名為「Fabrikstrasse 22」的大樓由英國建築師大衛・艾倫・齊柏菲爵士（Sir David Alan Chipperfield）操刀。此一空間開闊的結構是美學上的驚人成就，就和裡頭工作的科學家一樣，需要跨領域的合作才辦得到。生物學、化學、電腦科學、醫學在這裡合為一體；專家執行細胞實驗與大量數據分析，找出癌症的主要幕後黑手，齊心治療不治之症。諾華時髦的現代總部，反映出公司生意有多麼欣欣向榮。

　　諾華的總部外貌新穎，但所在地歷史悠久。諾華的前身是汽巴嘉基（CIBA-Geigy）與山德士（Sandoz），兩家公司在一九九六年合併成諾華。汽巴嘉基與山德士多年來佇立於景色壯麗的萊茵河畔，深植於巴塞爾的歷史之中。早在一八八七年，汽巴就開始生產公司第一款退燒藥「安替比林」（antipyrine）。一八九五年時，汽巴的對手山德士公司開始製造與行銷糖精（saccharine）與植物性可待因（codeine）。一八九六年時，瑞士又出現另一家競爭對手羅氏（Roche），還大力拓展至海外，一八九七年生根義大利米蘭，一九〇三年抵達法國巴黎，一九〇五年前往美國紐約。一直到了一百多年後，在二〇一四年初，諾華與羅氏這兩大巨頭的市值依舊不斷攀升，相加超過四千億美元。諾華光在二〇一四年單年度就砸下九十九億美元的驚人研發經費，羅氏也緊跟在後。[10]

　　美國昔日的工業重鎮，今日已然沒落，成為所謂的「鏽帶」（rust-belt），但巴塞爾並未落入相同命運，今日依舊享有西歐的最高生活水準，流經市中心的萊茵河兩岸，形形色色的建築櫛次鱗比，狹窄石街圍繞的老城房屋美輪美奐，標準的工業建築，現代化的住宅區，風格迥異，但完美和諧共存。美國的棉花城皮埃蒙特只享受過曇花一現的榮景，瑞士巴塞爾則似乎可以世世代代繁榮下去。

為什麼紡織公司和萊茵河畔的企業，經濟展望如此不同，前者朝生暮死，後者卻百歲千秋？新競爭者來勢洶洶時，為什麼有的先進者毫髮無傷，有的卻「前浪死在沙灘上」？

黯淡的珍珠

學者碰上難題時會閱讀、觀察、訪問、討論、書寫。我在二〇一一年成為瑞士洛桑國際管理發展學院（IMD）的全職教員，這本書就是源自我在校內的研究。IMD 的高階管理課程是我的主要實驗室，我在那裡探索企業如何在一個事事皆能被模仿的世界裡欣欣向榮。許多學員是各大產業經驗豐富的國際企業領導者，他們是我的嚮導，他們的第一手描述引導我了解大小企業的興衰。我因此有辦法從共通的經驗中抽絲剝繭，最終得出整體結論。

不過，早在加入學術界之前，我就對產業的興衰、早期先進者不斷被取代的現象十分感興趣，甚至可說是著迷。我在香港出生長大，目睹知識與資本移轉的洪流。還記得小學時，老師說香港的經濟屬於「轉口港」貿易，那是英國人用來形容我的城市的詞彙，當時香港是中國與世界其他地區唯一的窗口，起司、巧克力、汽車、原棉、稻米，幾乎所有的商品與貨物都得透過香港進出中國。

香港靠低廉工資起家，成為勞動密集產業的大型製造中心。這個一度沉睡的漁村，一躍成為「東方之珠」，成為經濟發展最好的示範。一九七二年時，香港取代日本，成為全球最大的玩具出口地，服飾製造是我們的經濟支柱。亞洲首富李嘉誠今日身價估計達三百億美元。他從開工廠起家，先是供應手工塑膠花，接著跨足地產開發、貨櫃碼頭營運、大眾運輸、零售、電信等大量事業。

然而，到了一九八〇年代初，香港的製造業內移，工廠遷至內地，順便也帶走了製造工作。製造業先是移往境外的深圳，又遷往廣東省，接著就散布至中國各地。香港失業率飆升，嚴重打擊香港人多年來的招牌樂觀性格。我大學畢業那年，同學在談需要培養新技能，才有辦法謀生。我們還沒找第一份工作前，就在未雨綢繆，把自己打掉重練。

整個香港也一樣。香港拋下先前的製造業與殖民身分，重新把自己打造成區域性的金融與物流中心。我就是在浴火重生的香港長大。當時全球的政策制定者異口同聲稱讚外包是「有效率」的做法，尚未有任何自由市場經濟學家警覺到來自新興市場的公司，有一天可能追上西方的大企業。當時人們無條件信賴全球化，但對於我在內的香港人來講，我們處於不信任的年代。我聊過天的每一個人都在談自己渴望安定與永續，我想知道如何才能享有那樣的生活。

穩定是不可能的目標？

為何知識與專業無情地從皮埃蒙特與香港邊界流走，瑞士的本土產業卻屹立不搖？

我提出這個問題時，班上的資深主管通常會疑惑地看著我，覺得答案顯而易見，不出「製藥是高科技產業，紡織和玩具不是」或「大藥廠擁有大量專利」這兩種。這種答案背後的邏輯是，藥物的研發與上市十分複雜，瑞士的製藥龍頭因而受到保障。服飾與玩具製造則不需要專門的技能與知識，相關業者因此缺乏護城河。

這樣的解釋聽起來合情合理，甚至不證自明，卻無法解釋為什麼無數需要驚人技術的產業，也阻擋不了競爭者的蠶食鯨吞，一段時間過後就被成本更低的競爭者取代。如果說複雜的知識與技術是打敗競爭者的決定性因素，那麼經濟學家應該有辦法畫出「企業 VS. 產業技術複雜性」的典型生命週期圖。產業技術愈複雜，典型現存公司的平均生命週期就愈長，呈現出一個簡單、優雅、出色的模型，讓全球商學院學生銘記在心。

然而怪的是，我們畫不出這樣的圖。不論是硬碟、汽車、風力發電機，還是手機，晚到的外國競爭者一律打敗原本的先進者。這樣說來，就連「高科技」一詞似乎都得添加額外的說明。皮埃蒙特的紡織商當年不也是採取最先進的技術？相關的反證都證明了高科技還不足以解釋為什麼皮埃蒙特和巴塞爾迎來不同的命運。

　　企業的命運為何會迥然不同，第二種常見的解釋是知識的本質。我班上有的高階主管正確指出，找到新藥的機率至今依舊很低，屬於高風險行業，只要看諾華砸下的天文數字研發經費就知道了，而且即便花大錢，也不保證藥物就能通過臨床試驗階段，最後進入市場。今日若要使一種新藥商品化，平均要耗費二十六億美元，而且金額預計每五年就會翻倍。相較之下，紡織、電子、風力發電機、太陽能板等產業的創新，成本遠遠較低，也較可預期。從這個角度來看，只要企業所處的產業區塊，產品研發一直具備高度不確定性，機會之窗就會緊緊閉上，後到的人無從威脅先進者。在這樣的產業，要有豐富經驗、深度知識、領域專長，才有辦法解決先天具備不可預測性的複雜問題；進入障礙過高，缺乏經驗的後進者無力跨過門檻，也或者只是理論上如此。

　　此類解釋雖然偶爾帶有幾分事實，史上依舊有大量例子是後進者跌破眾人眼鏡，成功解決不確定性。以汽車製造為例，有很長一段時間，品質差異一直被當成無可避免之事。美國的福特（Ford）、通用汽車（General Motors）、克萊斯勒（Chrysler）的管理者相信，人為錯誤不可免，再聰明的工程巧思也無法克服，也因此當日本的豐田（Toyota）與本田（Honda）採行「精實生產」（lean manufacturing）與「即時庫存管理」，西方的專家、顧問、學者完全嚇了一跳。他們覺得難以置信，怎麼會靠品質控管工具，就有辦法將先前難以操控的混亂產業，快速帶向秩序與紀律。不久後，東京便讓先前的汽車之都底特律，墜入今日的蕭條鏽帶局面。

換句話說，原本被視為先天上不可預測的產品創新與製造，的確有可能被外國的後進者克服，下一章會再介紹另一個例子。然而，為什麼這種事尚未發生在製藥產業，或至少程度上沒有其他產業嚴重？專利法規的確阻止了模仿者販售完全相同的配方，但無從阻止後進者學習發現新藥的方法，也無法禁止他們培養相關能力。為什麼尚未有人成功？反過來講，先進者做到哪些事，就能躲過淘汰與停滯不前？

前進的路線圖

有句話說：「歷史不會重來，但類似的事會不斷發生。」本書便是基於這樣的精神，比較產業史與各家公司採取的不同行動，對照不同結果，最後得出背後的五項基本原則，用於解釋與預測當勞力、資訊、資金變得幾乎是瞬間以低成本方式輕鬆流動，企業如何能成功。

用最簡單的話來講，想靠找出獨特定位來保住永久優勢，基本上是不可能的。智慧財產權、市場定位、品牌辨識度、製造規模，甚至是經銷網，永遠都無法長久抵擋住競爭。價值主張不論再獨特，依舊有可能受到挑戰。再多的專利法與商業祕密，也無法防堵優良設計與好點子被抄襲。在這種情況下，維持長期優勢的唯一方法就是「跳躍」（leap）：先進者必須在不同的知識領域間移動應用與創造新的知識，打造產品與服務。要是少了這方面的努力，永遠會被後進者趕上。

那麼，為什麼先進者不常跳躍？麻煩的地方在於企業經營層經常背負著龐大壓力，被逼著永遠在解決眼前的問題。對長期有利的事，對短期不利，也因此需要先轉換企業領導思維，才能替跳躍做好準備。

原則一：了解公司的基礎知識與走向

首先我們會看，為什麼先進者很難預防新競爭。即便沒出現任何的技術顛覆，消費者的偏好也沒變，後進者通常會替先進者帶來重大挑戰。我們會看山葉公司（Yamaha）的音樂事業如何重創史坦威鋼琴（Steinway & Sons）。製作鋼琴的方法並未出現重大轉變，然而史坦威卻幾乎是注定面臨嚴峻挑戰。這個反直覺、令人不安的案例觀察，說明了模仿者為什麼通常能夠一步步擊敗產業先進者，他們究竟是怎麼做到的。若要轉危為安，最重要的前提是高層必須重新評估公司的基礎或核心知識，衡量公司對核心知識的成熟度。先知道自己身處何方，才有辦法避開危機。

原則二：進入或培養新知識領域

從現代醫學史中，我們可以發現，一個領域發現的新知識，通常會帶來其他領域的新發現。這種持續進行的發現過程，最終開創出新的成長途徑。從這個角度來看，競爭優勢最重要的關鍵是新知的整合，及時開拓出新市場與新事業。

唯有靠著一路開創新局，而不是反覆改良原有的產品，先進者才有辦法不被模仿者趕上。一度鮮有人知的巴塞爾藥廠，就是靠這樣的原則得以領先近一百五十年。

管理者所做的選擇扮演著極重要的角色。有的公司的確在自家產業裡天生好運，科學界的新發現讓那些公司很清楚該往哪裡「跳」。其他的產業區塊就沒那麼幸運，答案可能不明顯。儘管如此，我一再發現有的公司理論上前景黯淡，卻持續領先群倫，例如寶僑（Procter & Gamble）就是靠跳向新知識領域，持續占據家庭消費者產品的龍頭寶座。後文會再詳細解釋相關例子。

原則三：利用重大的顛覆性轉變

以史為鏡，可以知興替。我們知道過去的人們是如何跳到新領域後，就能將相關認識運用在未來。我們該往哪尋找跳躍的機會？

雖然不同產業的情況可能相當不同，不論你是誰、身處何方，全球經濟的某些重大顛覆都或多或少會影響到你。如同人類在十八世紀發明蒸汽引擎，十九世紀開始運用電力，在二十一世紀的下半葉，兩股交織的力量將推著所有的企業向前：一是智慧機器的興起，二是無處不在的連結。

所有的贏家都必須善用身旁發生的重大顛覆，跳往正確方向，也因此不論是科技發明者、傳統製造商、新創公司創辦人、非營利組織，都得找出接下來數十年間最重要的力量，搶在所有人之前重新打造自身的技能。

原則四：利用實驗收集證據

即便做到以上三條原則，我們依然需要作出明確的抉擇。大膽的決策永遠看起來很帥，直到慘遭滑鐵盧。如同美國國防部長唐納・倫斯斐（Donald Rumsfeld）的名言：「我們不知道自己不知道」（unknown unknowns），企業高層很有可能完全不知道自己缺乏某個關鍵資訊。若要做到掌握證據後才做決定，公司管理者必須經常做實驗，減少無知的暗處，熟悉實情後再得出結論。

從另一種角度來看，複雜的大型組織所面臨的最大生存威脅，其實是政治鬥爭與集體無作為。董事會的爭論像是無意義的空話，只代表個人的看法。相較之下，實驗則能開啟真相之窗，讓陽光從外頭穿透進去。後文將會談如何掌握關鍵假設，接著以嚴謹的實驗驗證。

原則五：「深潛」執行法

知道不代表一定會去做，所以光是找到洞見還不夠。策略與執行缺一不可，想法必須化為日常行動與經營策略，否則先進者還是有可能被模仿者取代。思考不等於行動。

身經百戰的先進者手中握有的基本優勢是先前累積的知識。「原有的知識」加上「新知識領域」可以改變目前的產品發展走向。然而，先進者很難跳躍的原因，往往是因為能改變全局的新點子，很容易在內部一路往上呈報的過程中被篩除。那就是為什麼為公司利益著想的高層，必須隨時在有必要時介入，讓新命令得以順利執行。公司最高階的主管有時會親自在關鍵時刻插手，施力解決特定障礙，我稱執行長這樣的行為是親自「深潛」（deep dive）。「深潛」不同於事事插手的微觀管理，靠的是知識的力量，而不是頭銜。老牌公司努力重組與重新調整自己時，這條原則可以移除最終的障礙。

* * *

各位現在手中已有路線圖，我們要開始研究為什麼有的先進者屹立不搖，有的卻消失在歷史的舞台上。接下來各章節提到的故事，將說明在千變萬化、令人摸不清頭緒的世界，我們該如何前進。

第一部

知識會成熟，取代是必然

01

知識商品化的宿命
百年工藝的史坦威，不敵山葉的自動化逆襲

未能記住過往的人，注定重蹈覆轍。
　　　　——喬治・桑塔亞那（George Santayana）

　　紐約市皇后區阿斯托利亞大道（Astoria Boulevard）與
二十八大道之間，沿著史坦威街（Steinway Street）一路延伸
的那一區，被稱為「小埃及」（Little Egypt）。伊瑪目清真寺
（Al-Iman）正對面就是音樂震耳欲聾的夜店，同一個街區裡
有水煙館，也有牆上貼著鏡子的麵包店，店內傳出土耳其果
仁蜜餅（baklava）與軟糖的甜蜜香氣。繼續往北走，就會看
見史坦威公司（Steinway & Sons）神聖的工廠。

　　史坦威鋼琴的廠房，外觀像舊式工廠，紅磚牆，兩側
長翼布滿緊連的窗戶，裡面的機器有的年紀比操作的工人還

大。裸露的日光燈泡自屋頂垂下，角落的收音機傳來柔和的爵士樂。工廠東方一英里處，拉瓜地亞機場（La Guardia Airport）的飛機依序起降，史坦威也曾經是那片土地的主人。

　　史坦威公司曾擁有的財產還有更多，名下土地超過四百英畝，「史坦威村」（Steinway Village）的範圍包括整個小埃及區，鋼琴工廠的四周是木材廠、鑄鐵廠、員工住宅，此外還有郵局、圖書館、公園、公共澡堂、消防局。過去服役的「史坦威第七號消防車」，今日被放置於紐約市消防博物館。[1] 一八五三年，德國移民亨利‧恩格爾哈德‧史坦威（Henry Engelhard Steinway）在紐約成立鋼琴製造公司，希望藉由「比許多醫師對待病患更仔細的方式，認真看待每一台琴，打造出最優秀的鋼琴」[2]，史坦威的輝煌歷史就此揭開序幕。

　　數百年來，鋼琴的製造方式沒出現太大變化，史坦威今日依舊堅持手工製作，盡量減少自動化流程。製作平台鋼琴的琴架時，需要動用十八片長二十二英尺的硬楓薄板，以手工方式上膠，接合成 U 型琴框。工作團隊的成員一度以義大利人占多數，今日則由不同族裔組成。師傅將接起的木板，費力抬過廠房迷宮，拖至壓彎機，使木板彎曲成平台鋼琴的形狀。六人從直邊開始，以整齊劃一、近乎舞蹈的方式用力推，將大木板彎曲成鋼琴的弧形。師傅們滴著汗，固定住彎曲好的木板，接著以約六十五磅重（近三十公斤）的巨大夾具收緊，旋轉軸心，調好旋鈕，用大型扳手敲敲打打，混凝

史坦威一次只製作一台琴，技術自師傅傳承至學徒，代代相傳。一世紀的歲月過去，史坦威依舊在皇后區以手工製琴。攝影：克里斯多福·潘恩（Christopher Payne）

土地板傳來鏗鏘回聲。壓好形狀的琴框，用白粉筆寫上日期，送進昏暗的空調室，在經過調控的溫度與濕度下，好好「休息」十至十六週後，才開始組裝。[3]

　　在外人眼中，鋼琴的結構看起來非常複雜。一台琴就包含近一萬兩千個需要密合的零件；琴的音色好不好，主要就看密合度。即便有現代的電腦控制系統幫忙，從響板、低音琴橋、到高音琴橋，每一個零件都需先切割成稍大的尺寸，再由經驗豐富的師傅，以手工方式刨除多餘部分。總經理山福特·G·伍達德（Sanford G. Woodard）在一九九一年解釋：
「如果用工具把木頭切割成標準尺寸，的確拼得起來，但不
會完整密合。手工製作是完整密合的唯一方法。」[4] 製作一台
平台鋼琴耗時兩年，沒有兩台史坦威鋼琴是一模一樣的，各
有各的獨特琴聲，力道強度與細膩程度不同。每一台史坦威
鋼琴都有自己的「個性」。

　　從這個角度來看，調音師是靈魂人物，他們的雙手掌
控著鋼琴最細緻的部分，藉由放大每一台琴的獨特魅力，帶
出最理想的音色。一名調音師告訴《大西洋月刊》（*Atlantic
Monthly*）：「有時一台琴的音色，已經優美、均衡、圓融……
再試著想讓那台琴調整地更好，反而是毀掉了它的獨特。好
比說，我想幫一個東西、一個人拍照，我想要讓光線明亮，
在全亮的狀態下拍攝，但現場的光不夠。然而，就是在微
暗的狀態下，物體會顯現出某些特質，某種說不出來的氛
圍……此時你不該打光，不要打擾那份美，你可能會破壞美
感。」[5] 在史坦威受訓需要時間，史坦威採取千錘百鍊的製
程，調音師必須先撐過三年的學徒階段，才能獨立作業。[6]
史坦威工廠的導覽員康史達（Horace Comstock）告訴《紐約
時報》（*The New York Times*）：「我們重視代代相傳。」看照片
時，訪客會發現史坦威自一戰時期以來的員工，唯一看起來
明顯不同的地方只有服裝樣式。[7]

　　超過九成的演奏家，選擇史坦威鋼琴當自己的演奏樂
器，其中包括霍羅威茨（Vladimir Horowitz）、范·克萊本

（Van Cliburn）、朗朗等傳奇大師。許多人心中二十世紀最偉大的鋼琴家魯賓斯坦（Arthur Rubinstein）曾表示：「史坦威就是史坦威，世上沒有其他琴能像史坦威。」[8] 史坦威鋼琴被擺放在白宮等富麗堂皇的豪華住宅，也被擺在史密森尼學會（Smithsonian Institution）等首屈一指的博物館，占據全美音樂會與大型交響樂團的舞台及錄音室。史坦威鋼琴的壽命極長，木材永不腐爛，金屬零件永不生鏽。冰箱、電腦、手機靠著讓產品壽命有限的「計劃性汰舊」，刺激市場成長，鋼琴沒有這種事。史坦威鋼琴不是汽車，不會每年更換型號。據說史坦威的前執行長裴瑞茲（Peter Perez）曾說過，他碰過最重大的競爭，是來自自家的古董平台鋼琴，有時售價可能高達原始零售價的四倍。[9]

史坦威創下種種豐功偉業，但過去五十年的財務表現，一直不是很亮眼。管理階層再三遭逢危機，公司逐漸走下坡。一九二六年時，史坦威賣出史上新高的六千二百九十四部鋼琴，二〇一二年只剩兩千多台。[10] 一九七二年至一九九六年間，公司三度易手，先是被新主人哥倫比亞廣播公司（Columbia Broadcasting System, CBS）賣給以伯明罕兄弟（John and Robert Birmingham）為首的私人財團，接著又賣給美國的樂團樂器製造龍頭塞爾瑪工業（Selmer Industries）。史坦威一九九六年在紐約證交所上市前，數度易主，接著又下市，二〇一三年由對沖基金公司鮑爾森公司（Paulson & Co.）以五・一二億美元買下。二〇一三年的出售案令眾多鋼琴愛好者憂心忡忡，批評這是投機者的土地掠奪行為。一名網友在大型線上論壇「鋼琴世界」（Piano World）指出：「豺狼又再度獲勝」。[11]

　　就連全球最優秀的鋼琴製造商，也抵擋不了衰退的命運，這是怎麼一回事？

遭逢危機的王朝

　　在曼哈頓中城，距離西五十七街的卡內基音樂廳（Carnegie Hall）僅幾步之遙處，曾經佇立著史坦威的旗艦店。入口處是史坦威高階主管稱為「圓廳」（rotunda）的八角形空間，兩層樓高。這個挑高三十五英呎（約十·六公尺）的空間，裝飾著美國藝術家魏斯（N. C. Wyeth）與洛克威爾·肯特（Rockwell Kent）光彩奪目的畫作，圍繞著穹頂。上方是栩栩如生的藍天白雲，下方是寓言故事中的獅子、大象、女神、仙子述說著音樂帶給人類的影響。[12]

　　第四代總裁亨利·Z·史坦威（Henry Z. Steinway），是史坦威家族出的最後一任總裁。一九六八年二月，亨利與高層主管討論業務，「我們未來的主要競爭者將是山葉。這是史上第一次史坦威在全球受到挑戰。」亨利身高一八八公分，是家族中最高的人。此外，他身上的布克兄弟（Brooks Brothers）高級老牌西裝，也增添了他的氣場。亨利督促主管「盡全力迎接這次的挑戰」，接著公布行動計劃，讓管理團隊傳閱：

一、山葉能在美國成功，部分原因與供貨能力有關——山葉的經銷商有辦法立刻讓顧客拿到琴，史坦威沒辦法。我們必須加緊腳步，生產更多平台鋼琴。

二、我們永遠無法靠價格和山葉一決高下，也因此我們的行銷與宣傳等等，一定要回答為什麼該買史坦威的理由。

三、我們的琴必須在細節上更勝一籌——到達「雞蛋裡挑骨頭」的程度。我會安排一台山葉的平台鋼琴、一台歐洲史坦威的琴，和我們美國史坦威的琴放在一起做比較。

四、我們必須延續先前的政策，不允許經銷商把我們和山葉的琴，放在同一個展售廳同時販售。

五、我們要盡量蒐集山葉的資訊，由我負責統整。希望各位也能找一找自己的檔案，有任何相關資訊都寄給我一份。[13]

亨利特別感到驚奇的地方，在於新對手的崛起速度。山葉一度默默無聞，日本地狹人稠，把主力放在直立式鋼琴，專心製造小型的家用鋼琴，遠遠不同於曼哈頓西五十七街富麗堂皇的展示廳擺放的音樂會用大鋼琴。然而不知為什麼，這個來自日本的競爭者，如今嚴重威脅著享譽全球的史坦威。日本人甚至一直要到二戰結束十年後，才算得上開始彈鋼琴。究竟發生什麼事？

不速之客

一九六〇年時，山葉鋼琴在洛杉磯成立第一間美國辦事處，聘用日裔美國人吉米・神宮（Jimmy Jingu）管理公司的在美銷售，但神宮處處碰壁，地方上的經銷商與零售商不願意向不知名的公司進貨，異口同聲表示：「很抱歉，我們只與知名品牌和大公司合作」、「我們不買日本貨」、「你的公司缺乏競爭力」。只有山姆・齊墨（Sam Zimmering）一家零售商對於山葉鋼琴的物美價廉感到驚豔，然而儘管印象深刻，齊墨不覺得「山葉」這個品牌有足夠的吸引力，希望改用其他名字販售。

幸運的是，齊墨的銷售經理艾夫・羅旺（Ev Rowan）看好山葉，他認為山葉如果不用自己的品牌，才真的是瘋了，他保證：「你就把山葉的名字放在鋼琴上，我有辦法賣遍全美。」[14] 羅旺擁有十五年的音樂零售與批發經驗，又很懂美國市場，正是山葉需要的人才。所以，山葉聘請了他。

羅旺個性粗暴、喜怒無常、自以為是，向來不是受歡迎的主管，但他是想做一件事就會堅持到底的人。羅旺在洛杉磯市中心潘欣廣場（Pershing Square）的簡樸辦公室裡，成功說服洛杉磯聯合學區（Los Angeles Unified School District）購買數十台山葉鋼琴，大大幫了山葉一把，公司獲得打進市場所需的可信度。由於當時美國普遍的印象是日本貨品質不佳，羅旺還請獨立鋼琴調音師與技師分享看法，成立工作坊，證明山葉鋼琴的品質值得信賴。這個前所未有的推廣計劃，日後成為史上最長壽的技師訓練課程，被暱稱為「小紅學舍」（Little Red School House）。以上的確是歷史上真正發生過的事，不過記憶通常不可靠，人們會忘掉最初發生的那些事，也會忽略那些在當時看來一度鮮明的細節。山葉鋼琴的興起，其實遠早於以上發生在美國的重大事件。[15]

事情要從一八八七年講起，當時日本有一個叫山葉寅楠的年輕人，在浜松的村子裡，看見一台美森韓林（Mason & Hamlin）的簧風琴。當時明治政府正開始推廣西方音樂，大量的外國製造商開始外銷簧風琴到日本，包括金寶公司（W. W. Kimball Co.）、斯托立克拉克（Story & Clark）、埃斯蒂（Estey Organ）、美森韓林等等。依據山葉家族流傳的故事，山葉寅楠看到這種新奇的樂器後，決定自己打造一台，但因為無從取得標準零件，地方上有什麼就用什麼：沒有象牙，就用拋光的龜殼做琴鍵；還靠陶瓷鑿子和黃銅片，以手工方式切出簧片；風箱用上黑色紙膠帶，音栓是用牛骨做的。[16]沒人知道年紀輕輕的山葉寅楠怎麼這麼有天分，用起工具得心應手，有辦法依樣畫葫蘆，做出只看過一次的東西，但他的風琴效果很不錯。

不久後，山葉寅楠造訪浜松各地，不久後將公司總部設在該處。山葉寅楠尋找新的投資人，最後籌到三萬圓（大約等同今日的一萬美元），用自己的姓氏，將新成立的樂器公司命名為山葉。

山葉公司曾在一戰期間讓口琴風行一時。到了二戰期間，山葉和許多民間企業一樣被政府動員，開始製造船艦、機器、塑膠產品。戰後不久，山葉回到音樂事業。一九四七年時，同盟國放行日本的民間貿易，山葉再次外銷旗下著名的口琴。一九五〇年時，第四代的社長川上源一剛接手公司，便踏上為期三個月的全球考察之旅。

　　新上任的社長最初在美國吃了閉門羹，美國印第安納州埃爾克哈特（Elkhart）的高恩公司（C. G. Conn Company）拒絕讓他參觀工廠，沒人想接待不知道從哪裡冒出來的日本陌生人，但川上接著成功參觀了琴寶公司（Kimball）與古爾布南森公司（Gulbransen）位於芝加哥的鋼琴廠、國王公司（King）位於克里夫蘭的樂團樂器廠、波音公司（Baldwin）位於辛辛那堤的鋼琴廠。川上抵達歐洲時，參觀了史坦威在漢堡的工廠，以及其他幾間德國鋼琴製造商。川上大開眼界：「相較之下，我們太原始了。出國後，才知道有這麼多東西要學。我們的產品還沒優秀到足以外銷。」[17] 接下來三十年，川上源一致力於讓山葉和西方同業看齊，最終還超越它們每一家。川上源一在自家的儲木場，裝設處理原料的自動木工機，並在全廠各處設置輸送帶，一路帶著製作中的鋼琴，在生產線上移動。

　　一九五六年時，山葉採用日本第一台全自動烘乾爐，那是山葉有史以來最大筆的資本支出，用途是烘乾剛砍下的新鮮木頭中的濕氣。烘乾爐容量驚人，一次能烘乾製造五萬台鋼琴所需的木材。當時山葉一年也不過生產一萬五千台鋼琴，眾人認為這個計劃鋪張浪費，大肆抨擊，不過新任執行長川上源一不為所動，力排眾議，指出不久後山葉鋼琴將進入家家戶戶。他說對了。

山葉崛起

日本人向來對音樂懷有嚮往之情。若能精通樂器，家裡有一台鋼琴，長久以來象徵著成功、高教育水準與世界觀。強勁的戰後經濟成長，加上全國對西方音樂深感興趣，帶給山葉龐大的國內市場。日本幾乎人人都買得起鋼琴，鋼琴銷售量在一九六〇年代激增至史上新高，製造量爆增四倍，自一九六〇年的兩萬五千台，一九六六年飆升至十萬台，山葉自此成為全球最大的鋼琴製造商，產量是史坦威的十七倍左右。

川上為了進一步刺激需求，一九六六年成立獨立非營利組織「山葉音樂振興會」，以平易近人的價格提供鋼琴課程，推廣至世界各國。到了一九八〇年代，山葉音樂振興會在日本有九千間音樂學校，學員六十八萬人，全球各地的音樂學生更是近百萬人。

同一時間，山葉工廠的許多製程開始自動化，盡量刪除人工手動操作的製程。電腦化系統會偵測膠合板，引導木板靠上方的Y型轉送器，輸送至七部不同的琴框壓合機，每部機器各自製造山葉不同的平台鋼琴型號。液壓缸發出充氣的嘶嘶聲，開始下降。膠合板進入壓合機塑形前，只需要兩名員工引導木板，接著靠高頻固化法，琴框的黏著劑十五分鐘就能乾燥[18]，整個製造流程都將差異最小化，高度的一致性和史坦威高度人工密集的手工藝製造是兩個世界。

山葉鋼琴一飛沖天，然而一直遲至一九六〇年代中期，多數的美國樂器製造商依舊不把山葉當對手。斯托立克拉克公司的副總裁羅伯特・P・布爾（Robert P. Bull）在一九六四年參觀山葉時大吃一驚，不敢相信美國幾乎沒人意識到山葉的規模有多龐大。他親眼目睹山葉強大的製造能力後表示：「我深感佩服。」

一九六六年，山葉宣布：「我們已經成功製造出一台測試琴，我們相信這是全世界最優秀的音樂會大鋼琴。」那台原型琴的型號是「山葉音樂學校 CF」（Conservatory CF），以傳統手工法製成，一九六七年在芝加哥貿易展首次亮相。

人人都知道，山葉的工程師定期購買史坦威的平台鋼琴，拆開研究、學習史坦威的製法。某位資深史坦威經理表示：「如果拿史坦威鋼琴去考山葉和史坦威的工程師，我不曉得誰的分數會比較高。」雖然許多人質疑山葉的 CF 能否直接和史坦威相提並論，CF 的確獲得一些好評，而且山葉毫不掩飾自己的雄心壯志。一名山葉經理表示：「我們辛苦追趕，想跟上史坦威。」儘管山葉的另一位高層也承認：「比較兩家的琴不公平，就像是在比較勞斯萊斯和豐田汽車」。不過這兩位山葉主管都同意，這場競賽「讓我們公司很緊張，顯然史坦威也一樣。」[19]

山葉為了推銷自家音樂會用的大鋼琴,一九八七年成立「藝術家計劃」(artist program),做法幾乎和史坦威的「音樂會與藝術家計劃」(Concert and Artist Program)一模一樣。山葉也請著名音樂家在公開演出時選擇山葉的琴。史坦威遭受的致命一擊,發生在古典鋼琴家安德烈·沃茨(André Watts)為了慶祝自己登上卡內基音樂廳二十五週年,率領紐約愛樂在全美播出的電視音樂會上演出。沃茨向來是「史坦威藝術家」(Steinway artists)的成員——數百位音樂會鋼琴家可以隨時使用史坦威的琴,交換條件是音樂家必須當代言人。史坦威在全美一百六十多座城市的三百個鋼琴存放所,開放傑出的史坦威藝術家挑選鋼琴。鋼琴家只需要造訪史坦威在各城市的經銷商,就能試彈現場的平台鋼琴(鄉村地區可能只有一台,紐約市則超過四十台),挑好後指定日期,史坦威就會幫忙送至演出場地。一切費用由史坦威買單,鋼琴家只需要付一小筆鋼琴的運費。

沃茨的音樂會上,當鏡頭一拉近,電視機前的觀眾倒吸一口氣,琴身上大大的金色字母竟寫著「YAMAHA」。據說沃茨與許多在史坦威名單上的鋼琴家,都對於史坦威糟糕的服務感到幻滅。史坦威的地方經銷商設備不足,所以對於平台鋼琴的維護,達不到音樂家預期的水準。關於這點,史坦威表示已經有改善,然而進度緩慢,沒有明顯成效。沃茨開了第一槍,成為第一個投奔山葉的藝術家。此外,山葉也在史丹佛大學、密西根大學等一流大學吸引新秀,以及在一場活動通常就需要動用數十台鋼琴的音樂協會與音樂學校下工夫。一切的一切象徵著外國製造商終於攻進音樂會的世界，而以史坦威某位內部人士的話來形容，音樂會又是史坦威「賴以為生的命脈」。山葉成為全球最大的鋼琴製造商，年產量達二十萬台，大幅超越史坦威的六千台。

晚到比較好

我和學生在課程中一起研究鋼琴的製造史。經驗豐富的經理通常認為山葉能成功的原因包括：（一）打下美國市場江山的銷售經理羅旺；（二）日本有買琴的熱潮，山葉因此得以在本土市場建立規模經濟；（三）製造流程的自動化進一步壓低生產成本；（四）山葉積極生產音樂會使用的大鋼琴，進入市場更有利潤的區塊；（五）具備願景的領導者在三十年間堅持採取擴張策略。

以上幾點的確全都有功，但都只是近因，直接提供了山葉能成功的解釋，卻未能指出最根本的遠因。我們得更深入挖掘，看看究竟是什麼原因讓山葉能做到以上幾點，進而擊敗史坦威。

各位可以想一想這個問題：你為什麼會喝水？大家立刻想到的答案是「因為我口渴」。這個答案只是近因，真正的原因是水可以溶解營養素與礦物質，促進各種元素在體內移動，調節體溫，保護內臟。人體如果缺水，很快就會衰竭。結論是什麼？我們需要水才能存活。這就是我所謂的遠因。

圖 1.1　知識漏斗

我們要回溯一連串的因果關係，找出開啟一切偶發事件最基本的情境。

圖 1.1 我稱為「知識漏斗」（knowledge funnel），鋼琴製造與紡織產業都曾走過圖中的過程。[20] 這個模式也能用來解釋其他產業的動態，包括製藥產業與現代經濟中的許多其他領域，下一章會再詳談。

史坦威採取原始且傳統的製造法，由手藝精湛的師傅，靠深入的知識與雙手，製造出獨一無二、鋼琴演奏家渴望得到的高級樂器。舉世無雙的精緻工藝靠的是人類直覺與專家的判斷力。所有的新興產業都得靠這兩件事，因為知識在最初的時候，尚未被寫成書面規則，專業知識只掌握在一小群頂尖專家手上。

然而，知識會演化。經驗逐漸累積後，人們會有更深一層的認識。產業的專業知識，一度只有屈指可數的幾個頂尖人士知道，但接著會逐漸累積成後人可參考的記錄。商學院的學者很常把事情過度複雜化，他們稱這樣的過程為「知識編碼」（knowledge codification，又譯「知識編纂」），也就是專業技術被公諸於世的過程，但其實意思只是寫下你知道的東西，與同事分享。「知識編碼」的結果是低技術工作者開始取代先進者專家，任何工作者都有辦法依循標準流程、規章、指南做事，當專家所知的一切都變成規則手冊，就不太需要額外的介入。換句話說，專家知識被編碼後，就有更多人能夠掌握基本原則。有規則可循的決策流程取代人類直覺後，人類直覺的重要性就會下降。雪上加霜的是，編碼過的知識經由借用、抄襲、模仿或竊取，很輕易就能被散布出去。歷史可以作證，由世界級專家展現的人類創意，通常最後會被機器自動化。

沒變聰明，只是變快、變好

　　山葉將許多製程自動化後，成為標準化與精密製造龍頭，靠著輸送帶系統與體積龐大的快乾爐，讓製造一台琴的時間，自兩年縮短成三個月。在自動化的初始階段，標準產品永遠看起來比傳統的手工製品粗糙，機器無法複製手工藝品的細膩細節。因此，自動化流程製造出的產品，只適合大眾市場或低階區塊。然而，低階區塊正好是灘頭堡市場，工程師將有時間、資金（不管再少也一樣）、機會改良產品，做出更複雜的東西。

技術與品質改善後，大眾版的產品會吸引到新顧客，進一步刺激需求。早期便掌握自動化的企業，依循這樣的發展軌跡，自然成為大贏家，享受到產業成長的好處。山葉就是以這樣的模式迅速崛起，史坦威則一路走下坡；史坦威衰敗的主因是缺乏遠見，執著於工藝技術，無視於科技進展與自動化。

等到山葉終於搶進音樂會大鋼琴的區塊時，已是世界級的競爭對手，靠著雄厚的財力、豐富技術、大量先進製造技術，在行銷、經銷、徵才、製造等各方面，有能力投入比史坦威大量許多的資源。山葉從低階市場賺到的錢，成為進入高階市場的靠山。

最終的競賽結果最引人注目的地方，或許是這一切的改變都發生在基本產品沒變的情況下。史坦威陷入的窘境，因此特別令人感到尷尬。簡單來講，鋼琴的基本原理就是打音槌擊中琴弦後發出聲音，從古至今都一樣。鋼琴的功能與形式，以及頂尖音樂家需要的必備條件，幾乎不曾改變。史坦威跟柯達（Kodak）、寶麗萊（Polaroid）不一樣，柯達與寶麗萊會消失是因為數位攝影興起，但史坦威身處百年如一日的世界。然而，雖說是百年如一日，產業知識成熟後（從早期的工藝技術到後期的自動化），幸運女神不再眷顧先進者，改為青睞後進者。想在知識生命週期不同階段勝過對手，每個階段需要相當不同的組織能力，而且不是能力高低的問題，而是能力種類的問題。如果沒人看守，後進者永遠會把先進者擠出市場，晚到比較好。

以上的意思不是山葉永遠不曾發揮創意，恰恰相反——山葉致力在全面運用先進製造技術時，需要採行新型流程與系統。每次公司讓製造進一步自動化時，都需要創新，只不過派上用場的創意，從利用工藝技術製造高品質產品，變成藉由自動化，設計出更理想的製造流程，減少成本，改善良率。山葉因此得以不斷有效壓低製造鋼琴的成本，滿足供不應求的市場。

難道先進者不能靠申請專利與商標，保護自己的專業技術，防範未然，阻擋後進者？史坦威為什麼不靠顧好自己的商業機密，讓山葉無機可乘？

十九世紀初期的紡織業證明這招行不通。

萬事皆可學

一八一〇年時，擁有哈佛學歷、三十五歲的法蘭西斯·卡伯特·羅威爾（Francis Cabot Lowell），帶著妻子與年幼的兒子造訪英格蘭，執行現代史上最早、影響最深遠的商業間諜活動。

在那個年代，紡織製造在許多人心中是技術最先進的產業。大英帝國太了解紡織技術的重要性，英國能稱霸全球貿易，靠的就是領先世界的機械化紡織機。一八五一年至一八五七年間，英格蘭的棉製品出口成長至四倍以上，從每年六百萬件暴增至兩千七百萬件。[21] 到了一八五〇年代尾聲，棉製品占英國近半的輸出品。英國的紡織業在巔峰時期製造全球近五成的棉布。在英格蘭中部地區的產業盆地，連綿不絕的紡織廠欣欣向榮，一路延伸至蘇格蘭的格拉斯哥（Glasgow），以及英格蘭西北的蘭開夏（Lancashire）與曼徹斯特（Manchester）。

英國政府為了保護再重要不過的紡織業，禁止輸出紡織機與相關的工廠設計圖。英國因為怕工人把技術帶到國外，禁止紡織工作者出國，違者將當場逮捕，監禁一年，罰款兩百英鎊。相較起來，現代的專利法與保密協定算是小巫見大巫。眾家公司也無所不用其極，避免資訊外流，不讓人參觀廠房，要求員工保密，「採取中世紀的防禦工事」，使外人無從窺探自己的工廠，甚至把簡單的機器偽裝成很複雜的樣子。[22]

故事的主角羅威爾是波士頓人，來自航運家族，祖先也是貴族。羅威爾假扮成「交遊廣闊、彬彬有禮的美國商人……為了健康因素前往歐洲。」。[23] 一開始，羅威爾靠聯絡做生意的朋友，順利參觀數間大型英國工廠。他待在蘇格蘭和英格蘭的兩年期間，想必是裝出一副漫不經心的樣子，四處參觀數十間工廠，暗中觀察到無數商業機密。[24] 羅威爾在哈佛主修數學，擁有驚人記憶力，記下「棉花製造」的關鍵細節，包括製造流程、工程細節、動力織布機的內部構造。羅威爾回到家鄉麻州前，走私大量機械圖過海關，而且他絕不是唯一這麼做的人。

　　無數人逃過英國的移民法，帶著紡織技術、珍貴技能、產業知識前往美國。一八一二年時，麻州所有的紡織廠已經把機械化紡織需要的知識搜集得差不多了[25]，此時後進者的優勢顯現：在過去，水力機器只用於紡紗，獨立勞工在家用自己的設備工作，負責織布。這種形式一般被稱為「家庭工業」（cottage industry），在廠房以外的地方構成小型設備網，位置鄰近城市，也就是擁有大量勞動力的地方。[26] 然而，羅威爾的波士頓製造公司（Boston Manufacturing Company）重新打造製造流程，水力除了用於紡紗，也用於織布，兩個步驟改在同一地點進行。羅威爾的公司不同於英國同業，沒有過去留下的基礎設施，不必擔心現有資產折舊的問題。他打造出的新式大型工業城，除了得利於更大型的規模經濟，也不必仰賴地方上的勞動市場。把鄉村打造成住宅區的確需要大量的資本投資，然而也正是這樣的龐大前期投資，讓斤斤計較利潤與報酬率的英國製造商裹足不前。[27]

　　英國小說家狄更斯（Charles Dickens）一八四二年第一次造訪美國時，參觀過羅威爾的新市鎮。狄更斯在他的時代向來以嚴厲批評現代化出名，然而眼前這個大工業城讓勞工享有的舒適物質生活，令他深受感動：

　　　　我恰巧在用餐時間後抵達第一間工廠，女孩們
　　　正準備回去上工，樓梯擠滿了人……〔她們〕穿著

體面的衣服，而體面的要素是極度乾淨整潔……

　　女工們看起來很健康，許多人朝氣蓬勃，有著年輕女性的行為舉止，而不是勞動的牲口……

　　她們工作的地方，和她們一樣井井有條……整體而言，空氣流通，四周舒適整潔的程度，以她們的職業來講難能可貴……

　　我敢發誓，我那天參觀的幾間工廠，我想不起或看不出露出痛苦表情的年輕臉龐……沒有任何一個年輕女孩面帶愁容，令我感到自己要是有能力，需要把她們從勞動之中拯救出來。[28]

工業城如雨後春筍般在新英格蘭區冒出來，最大的是梅里馬克河（Merrimack River）的亞摩斯凱格廠（Amoskeag Mills），一共有六十五萬紡錘，一萬七千名員工每日生產五百英里長的棉布。[29] 新英格蘭以如此龐大的規模，從英國出口商搶走正在成長的美國大眾市場，英國人手中只剩頂級衣帽的利基市場，也就是那些依舊需要「高級工藝」的商品。

不論是需要或不需要工藝技術的市場，英國稱霸國際貿易的年代已經過去，開始一路衰退。如同圖 1.2 所示，在二十世紀初期跌得最厲害的時期，英格蘭西北蘭開夏各地的紡織廠，幾乎是以每週一間的速度關門大吉。大英帝國昔日的榮光，只剩成千上萬空蕩蕩的廠房能夠見證。

圖 1.2　1800-1950 英國棉製品輸出量
（單位：百萬磅）

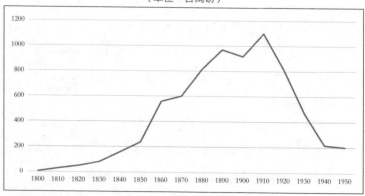

資料來源：R. Robson, *The Cotton Industry in Britain* (London: Macmillan, 1957), 332–333。數據來自每個十年的開端。引自：Pietra Rivoli, *The Travels of a T-Shirt in the Global Economy: An Economist Examines the Markets, Power, and Politics of World Trade, 2009.*

錢愈多，愈不捨得花

　　歷史似乎注定重演，就連商業機密與專利也保護不了史坦威。早在一九六〇年代，公司執行長亨利·史坦威就注意到山葉帶來的威脅與日俱增，據說讓他「夜不成眠」。[30] 史坦威與山葉的關係，明顯充滿著恐懼與敵意，然而史坦威不曾出現重大改革，接下來的五十年間，眼睜睜看著名下產業被一棟棟拍賣，其中許多建築物的歷史可以回溯至紐約北皇后區阿斯托利亞的「史坦威村」時期。原本占地四百英畝的廠區被一塊塊賣掉，最終只殘留幾棟今日世人所知的相連紅

磚廠房。半個世紀間，史坦威的銷量從每年六千台鋼琴，二
〇一二年跌至不到兩千台。

亨利·史坦威的繼任者裴瑞茲試圖回擊（老實講，太晚
了），在百般不情願之下批准推出「大型鋼琴」（Model K）。
K型鋼琴是直立式鋼琴，價格較為親民，任務是與山葉競
爭。然而，執行長裴瑞茲在私底下，對著某位已經為K型
琴計劃努力近兩年的員工提出質疑：「我還是懷疑，把我們
有限的時間與資源投資在這上頭值得嗎？」「這樣不就不能
專心製造我們最擅長的平台鋼琴？我們在這個時間點推出新
產品，難道不是只是在拖延生產進度，也讓客戶搞不清楚狀
況？或許我們該坐下來，重新想一想未來的計劃。」K型琴
在內部冗長的質疑之下，最後終於問世，一如所料，既沒對
山葉造成影響，也挽救不了日薄西山的史坦威。[31]

為什麼史坦威在還有救的時候，未能快點回應？難道史
坦威就不能和山葉一樣投資自動化，採取擴張策略？

日本的經濟在一九八〇年代急速達到高峰，當時哈佛商
學院教授羅伯特·海斯（Robert Hayes）與威廉·艾伯奈西
（William Abernathy）在《哈佛商業評論》（*Harvard Business
Review*）發表重要的〈走向經濟衰退的管理〉（"Managing
Our Way to Economic Decline"）一文，抨擊美國管理者下投
資決策時，過度仰賴投資報酬率（ROI）等短期財務指標，
未能考量產品與技術研發的長期發展。兩位學者認為，美國
經理人集體患有「競爭短視症」（competitive myopia），利潤

落入股東口袋，未能用來更新機械設備。

大約同一時間，另一位哈佛教授卡麗斯・鮑溫（Carliss Baldwin）與哈佛商學院前院長金・克拉克（Kim Clark）一起主張，美國企業不願意投資新技術的現象，源自企業不願意讓新產品蠶食（cannibalizing）既有產品的銷售或流程。管理者最擔心公司利潤較低的新產品與新服務，直接影響到原有產品的銷售。[32] 鮑溫與克拉克以簡明方式解釋這種看似不理性的決策行為。管理者在評估投資機會時，通常會跑財務分析，計算貼現現金流（discounted cash flow, DCF）與淨現值（net present value, NPV）等等。而這種做法的問題癥結在於，它比較的是「投資的提案」與「不投資／不採取行動」。若要預測不同選項的未來現金流或報酬，就必須利用歷史數據估算，而此時管理者通常假設只要充分維護目前的生產系統，公司目前的良好營運狀態就會無限期延伸。

然而，這是一種危險的假設。這種不切實際的假設，造成太多公司不願意推出利潤比目前的產品低的新產品，結果就是管理者在面對競爭壓力、試圖做到差異化時，傾向於提供更高階的產品，然而史坦威原本就是世界第一，缺乏向上成長的空間，市占率於是只能由盛轉衰。

更麻煩的是，一旦開始執著於邊際成本，表面的好處會騙人。從財務控管的角度來看，升級原有的產品流程，永遠比打造全新流程誘人。重複利用既有的技術或擴張目前的生產裝備，只需要相對小型的資本投資，就能增加產量。舊工廠要是多加一個班次，增加的勞力成本看起來最省，可以繼續使用已提足折舊的設備資產。相較之下，打造全新的東西（例如完全自動化的裝配線）則可能得花上多年攤還前期投資，也因此獲利在近期會遭受負面影響。

史坦威若要滿足上揚的需求，不需要砸數百萬美元打造自動化廠房，短期只需要在原本的廠房多雇一組師傅輪班即可。這是典型的邊際思考。管理者評估「打造新設備」或「利用原本的設備」這兩個選項時，未能考量到沉沒成本與固定成本。做決策時，看的是兩個選項各自的邊際成本與營收。這是所有財務與經濟學基礎課程都會教的學說，促使企業偏向利用過去使自己成功的東西，不去打造未來將需要的產能。靠組裝線生產出來的鋼琴，品質很難達到演奏家的要求，而演奏家又是史坦威最重要的客戶，也因此反對蓋自動化廠房的主張，聽起來有理有據。既然主管的年終獎金主要是看下一季的數字表現，他們自然會想，幹嘛搬石頭砸自己的腳？

先進者絕對需要投資，才能永久保持優勢，然而不願意讓新產品的銷售搶既有產品的銷售，以及傾向於使用既有設備的心理，這兩股力量讓許多投資計劃流產。

往日榮光的囚徒

和史坦威比起來，山葉的考量相對簡單。山葉沒有由歷代工匠傳下的百年基業，也因此投入先進製造系統、提高產品品質的每一分錢，都會帶來更高的利潤。

　　此外，山葉是從最下方開始爬，公司投資人原本就習慣比史坦威低上許多的獲利。諷刺的是，投資人不太抱期望，因此使山葉得以投資新產能，搶攻新市場。投資對山葉來講，不是要不要投資，而是不投資不行。史坦威則永遠躊躇不前。你站的位置會影響你看到的東西。

　　競爭日益激烈，亨利‧史坦威因此做了所有搖搖欲墜的企業都會做的事：跑去向華府求救。他遊說尼克森政府，要求對日本鋼琴徵進口稅。[33] 巨大的聽證席裡，美國關稅委員會的成員坐在前排，美國鋼琴製造商與日本代表則面對面分坐兩側。待法庭上的竊竊私語稍歇，亨利‧史坦威指出自己的公司本身不受進口鋼琴影響，他只是幫忙關切其他十七家美國本土業者的利益。

　　代表日方的交叉質詢者一度忍不住問亨利，既然理論上他的公司訂單多到來不及生產，為什麼還要求提高關稅。這位執行長給了老生常談的回答，指出史坦威的鋼琴能夠銷售一空，原因是史坦威生產全球最優秀的鋼琴。供應短缺是因為培養一流工匠費時耗力，但在場的每一位明眼人，一看就知道史坦威被困在往日的榮光。[34]

　　山葉很快就決定不做政治方面的纏鬥，想出更絕妙的策略，在美國喬治亞州成立自家的鋼琴廠 [35]，開始宣揚「在美製造」福音。

當長處變成絆腳石

史坦威所面臨的問題不是美國獨有，也不是鋼琴製造業獨有。問題其實出在一種讓全球所有產業陷入大麻煩的思考模式。不願意和既有的產品搶生意，目光都放在邊際成本上，也能解釋為什麼英國棉商遲遲不肯投資新型製造法，讓羅威爾及其他美國人趁機迎頭趕上。同樣的兩股力量也能解釋，美國南方皮埃蒙特區的工廠，是如何靠著建造規模更大的棉花廠，在二十年間取代北方；接著亞洲製造商又靠著推出「一元上衣」取代美國南方對手，新進者不斷後來居上。

在我們進一步討論之前，先暫停一下，想一想本章先前提到的知識漏斗。知識漏斗顯示，所有的競爭優勢都是一時的。隨著產業知識成熟，起初讓早期先進者成功的優勢，無法讓它們永遠穩坐龍頭寶座。史坦威仰賴相同的優勢太久了，留存在純手工藝與老經驗的師傅心中的知識，最終變得太具限制性。換句話說，「核心能力」（core competencies）變成「核心守舊」（core rigidities，又譯「核心僵化」、「核心僵固」），史坦威在面臨山葉帶來的策略威脅時，無力以合適的方式回應。

或許只有鋼琴愛好者會對史坦威的困境感到哀傷，但我們都能從中學到一件事。管理者必須自問，對公司來講，哪一個知識領域最重要。公司的核心知識是什麼？那個知識有多成熟、被多少人掌握？此外，世界近期的發展，使得史坦威背負的歷史包袱，只會隨時間愈來愈沉重：網路與現代通訊讓這個世界日益連結，所有優勢的持久性正在縮短。書面文件、數位紀錄、人才、資本，全都以數十年前想不到的速度四處流動。智慧財產權、商業機密，甚至是人類的專長，都只能稍微阻擋一下後進者的猛烈攻勢。後進者一下子就能取得相同的知識，甚至學到更新、威力更強大的做法，打敗目前的市場龍頭。

　　了解到這點後，再回到近一百五十年前就出現在萊茵河畔的巴塞爾製藥廠，探索它們如何先成為業界先驅，接著又維持領先優勢數十年不墜。巴塞爾的製藥廠究竟有何獨特？當其他高科技產業的多數先驅，例如個人電腦或風力發電機，幾乎都被對手拉下寶座時，巴塞爾的製藥廠為什麼依舊是龍頭？它們是怎麼辦到的？為什麼至少目前為止，它們逃過了其他每一間企業都碰上的問題？

02

轉換核心知識
瑞士製藥業與辛辛那提肥皂商的三階段轉型跳

就算某樣東西的用途和你預料的不一樣，不代表就沒用。
——湯瑪斯・愛迪生（Thomas Edison）

太初有化學

世上有製藥商之前，先有染料商。現代先進複雜的製藥產業，可以回溯至自己樸實的窮親戚：紡織業。位於瑞士碧綠的康士坦茲湖（Lake Constance）南岸，今日的聖加侖（St. Gallen）是一個寧靜小鎮，但十五世紀時曾是繁忙的製造中心，專門生產高品質的紡織品，以精美刺繡與細膩蕾絲聞名，產品銷往法國、英國、與德國。蜿蜒的河流與壯麗的湖泊，給了瑞士這個內陸國方便的外銷管道。瑞士的製藥業是科學史，更是重新發明史。製藥的基礎知識，誕生於和紡織業相同的年代，最初從有機化學起家，但隨著時間的推演，一再轉換至其他領域。製藥的先進者因此得以欣欣向榮，逃過史坦威鋼琴有如命中注定的困境。

傳統上，布匹的印花工匠直接自植物萃取物中取得染料。[1]顏料異常珍貴，只有王公貴族與高級教士才用得起，例如一八七〇年時，茜草根（madder roots）每公斤要價九十德國馬克，而一公斤的茜草大約僅含一百四十克的紅色染料。巴塞爾有一間藥鋪叫嘉基（Geigy），從事販售「布匹、製劑、染料、各式藥物」的生意已有一百多年[2]，到了一八六八年終於碰上大發利市的機會，但不是直接販售染好的布料，而是靠研發與製造染料，提供原料。[3]嘉基改造自家工廠[4]，開始生產苯胺紅基（aniline fuchsine），一種可以「大量生產」[6]的廉價「耀眼紅色」[5]。嘉基的化學染料每公斤價錢才八馬克[7]，沒過多久，苯胺紅基的銷量便一飛沖天，化學染料成為巨大搖錢樹。

在嘉基新工廠東邊幾個街區的地方，也有一間領先業界的化學公司，一八三九年成立時是絲織品染料商。[8]化學家羅伯特・賓舒德勒（Robert Bindschedler）接掌公司後，增加眾多新型染料產品，在瑞士以外的地區打造通路。最初聘用三十名員工[9]，一年內組織就翻倍成長，一八八一年旗下有兩百五十名工人、二十位化學家。一八八四年時，賓舒德勒幫公司取了新名字，更名為「巴塞爾化學工業社」（Society of Chemical Industry in Basel），簡稱 CIBA（汽巴）。[10]五年後，汽巴的經理愛德華‧山德士（Edouard Sandoz）辭職創業，成立山德士公司（Sandoz corporation）[11]。山德士靠著十名工人與一台十五馬力的蒸汽機[12]，最初先製造茜素藍（alizarin blue）與奧黃（auramine）。[13] 一九一三年時，嘉基、汽巴、山德士每年向全球輸出總量達九千噸的染料。吃苦耐勞的瑞士山區居民，讓巴塞爾成為化學火車頭，自己也搖身一變成為染料大亨。

　　儘管財源滾滾，染料這一行的害處有目共睹。製造染料會帶來危險的污染，工廠工人在通風不良的場所作業，唯一的保護措施只有鼻子上摀著的一塊薄布。下工後，工廠並未要求工人清洗身體，他們晚上走路回家時，手臂、脖子、臉上還留著工作時沾到的五顏六色[14]，有毒物質造成皮膚變色、血尿、痙攣，苯胺瘤（aniline tumor）膀胱癌相當常見，地方上的醫生稱之為「最顯著的職業病」。[15] 實驗室技術人員的生活也沒好到哪裡去，那個年代對化學所知不多，只能靠勇者以試誤方式尋找更好、更鮮豔的顏色，例如實驗室人員為了萃取尿酸，煮沸成桶的動物脂肪，解剖紅尾蚺（boa constrictor），研磨蝙蝠糞便[16]。他們每日處理鹽酸與硫酸的混合物，攪拌苛性鹼，調配砷等有毒物質。這樣鍊金術般的工作好像還活在中世紀，爆炸與失火是家常便飯。

　　巴塞爾的工業並未因為碰上種種挑戰而慢下腳步。在一股腦的掏金熱之下，化學家、管理者、企業主、投資人前仆後繼搶著發財。二十世紀來臨，沒人理會勞工福利，也沒人去管工業對環境造成的影響。矛盾的是，瑞士拓荒者不屈不撓追尋的致命染料，有一天將帶來救命的產業。

史上第一個暢銷藥

一八八三年時，德國化學教授路德維希・諾爾（Ludwig Knorr）成功合成出「安替比林」（antipyrine），也就是史上第一個用來治療流感的鎮痛解熱化合物。[17] 安替比林問世之前，止痛藥來自植物界，古柯鹼萃取自古柯葉，水楊酸來自柳樹皮，效力最強的嗎啡來自罌粟，都以蒸餾做為基本製藥法，也就是把樹葉加熱煮沸，凝結蒸汽，取得活性成分。

諾爾博士生於富裕的商人家庭，博士論文記錄一系列的苯肼（phenylhydrazine）實驗。苯肼是一種常用來當染料中介物的化合物。[18] 諾爾的實驗帶來了安替比林，也就是史上第一個合成藥物，源頭是工業革命後，煤礦產業發現的副產品「煤焦油」（coal tar）。諾爾受指導老師鼓勵，替自己的發明申請專利，接著與位於法蘭克福郊區的小型染料工廠赫斯特（Hoechst）合作，開始製藥。[19] 安替比林在那個歐洲反覆遭受流行病攻擊的年代，能以高度有效的方式解熱，治療流感症狀，銷售一鳴驚人。

在大西洋對岸，一名美國醫師在一八八五年指出，安替比林「像變魔術一樣」，治好他五名最嚴重的病患，那幾位病患先前的偏頭痛，就連嗎啡都起不了作用。[20] 另一名羅德島的醫師也指出，安替比林「幾乎是立即見效……，一、兩個小時內，症狀就完全舒緩」。[21] 這個新藥在美國大受歡迎，《紐約時報》在一八八六年一月一日斷言：「用來減輕人類罹病之苦的眾多療法中，沒有任何一個比安替比林重要。」[22] 唯一令人擔心的是「德國廠商可能無力供應全球的需求。」[23] 安替比林成為全世界第一個暢銷藥。[24]

令赫斯特懊惱的是，汽巴在一八八七年也開始製造相同化合物。當時瑞士還沒有化學產品的專利保護。在那片「仿冒者之地」（*le pays de contrefacteurs*）[25]，瑞士化學家可以自由模仿外國發明，甚至被鼓勵模仿。瑞士的模仿十分成功，汽巴甚至在一九〇〇年的巴黎世界博覽會上榮獲大獎。[26]

赫斯特迫於無奈，不久後便簽訂價格固定協議，讓汽巴與山德士也分得全球市場固定比例的一杯羹[27]，以防有人削價競爭。儘管如此，事到如今，新興製藥事業的重要性再清楚不過，汽巴開始效法德國模式，有系統地投資廣泛研發。接下來幾年，汽巴還強化自己與多間大學和研究機構的外部關係。這個早期的產學合作是無數技術論文的推手，研究成果引導著科技發展，對汽巴的長期表現來貢獻。

同一期間，山德士於一九一五年成立公司第一間製藥實驗室，隨後指派瑞士化學家亞瑟·史托爾（Arthur Stoll）帶領研究。史托爾從昔日用於促發流產與產後止血的麥角（ergot）中，分離出有效成分麥角胺（ergotamine），以商品名「近納瑾」（Gynergen）於一九二一年上市。[28] 世紀之交時，汽巴、嘉基、山德士三間巴塞爾公司都在有機化學打好穩固基礎，產品主力從商品化的染料，轉換至高利潤的製藥。從公司財務的角度來看，製造有毒化學物的吸引力，比不上尋找救命仙丹，但有一個關鍵問題：為什麼在接下來數十年間，製藥產業的商品化程度不如傳統紡織業？回顧一下前章的知識漏斗，要是製藥沒有出現其他突破性的發現，產業將不免把焦點放在壓低成本。道理如同先進機器帶來的自動化，稱霸這樣的世界將得依賴量產技術。如同史坦威與山葉之間的鋼琴戰，後進者輕鬆就能在這樣的情況下打敗前輩。

巴塞爾的汽巴、嘉基、山德士很幸運，製藥沒有陷入那樣的情境，很快就從有機化學跳至新領域。人造的化合物率先引領風潮，但新一波的微生物學發現，即將把製藥業推向另一個方向。微生物學這個新的知識領域，替接下來數十年帶來了向上成長的空間。

微生物獵人

一九四一年二月，英國有一位政治人物的臉因為被玫瑰刺劃破，出現嚴重的鏈球菌與葡萄球菌感染，危在旦夕[29]，除了頭皮流膿，醫生還不得不移除一隻眼睛。[30] 早在十年前，科學家亞歷山大・弗萊明（Alexander Fleming）就已經發現盤尼西林，率先得知某些真菌的「霉汁」可以分解細菌。雖然尚無人能抓準劑量，大多要靠試誤，那位政治人物在一連串的實驗性治療下，健康逐漸好轉。

　　然而，正當事情出現轉機，盤尼西林就用完了。當時製造盤尼西林的唯一方法，是在實驗室裡進行「表面培養發酵」（surface culture fermentation），無法以夠快的速度製造出充分的量；科學家只能等新黴菌自己長出來。當時的人試過多種方法，想多製造一點盤尼西林，甚至從患者本人的尿液中回收盤尼西林。儘管做了種種嘗試，藥量不夠後，感染又復發，政治人物的病情再度惡化，最後依舊難逃一死。[31] 一直要到二戰爆發後，製藥業才掌握抗生素的量產方法。

　　二戰打個不停，同盟國士兵死於衛生狀況不佳的人數，不亞於子彈與炸彈的威力。科學家發現，唯有採取和釀酒廠相同的技術，在大型水槽與巨大鍋爐內採用「浸沉發酵」（submerged fermentation），醫生才能不必再靠以隔離的培養皿，進行僅能小量製造的表面培養法。一九四三年時，美國的默克（Merck）利用產黃青黴菌（*Penicillium chrysogenum*）與玉米漿，研發出浸沉發酵式的製造程序，不到兩年便製造出六‧二兆單位的藥物[32]，這是使用淺盤的表面培養發酵法做夢也想不到的速度。另一家美國競爭者輝瑞（Pfizer）也於股票上市兩年後，在一九四四年開始量產。輝瑞當時的年營收僅微幅超過七百萬美元[33]，卻大膽投資三百萬，改造紐約布魯克林一間閒置的製冰廠，目標是把廠內一萬加侖水槽，全數改用於深槽發酵法[34]。

　　輝瑞的這筆投資絕對不只是「大膽」而已。輝瑞總裁約翰‧L‧史密斯（John L. Smith）日後回憶：「黴菌就和歌劇演唱家一樣,反覆無常,產量極低,萃取過程令人沮喪,純化過程一團亂,測試總是令人不滿意。」。[35] 然而,如同戰爭期間的許多努力,輝瑞最後戰勝了技術上的挑戰,盤尼西林產量增加,而且成本下降。一九四四年六月,諾曼地的戰場上,同盟國全體成員得以取得盤尼西林這個神奇藥物。此外,默克與輝瑞因為成功量產第一個現代製藥級藥物(pharmaceutical-grade medicine),市值直線上揚,自此之後穩居道瓊工業平均指數。[36]

　　瑞士意識到微生物學成為藥物研發的關鍵領域,絕不能落於人後。

＊　＊　＊

　　一九五七年時,山德士正式啟動土壤篩選(soil-screening)計劃 [37],因為當時的新興理論是能夠抵抗細菌的真菌,主要生活在土裡。[38] 我們走在森林裡聞到的那股充滿大地氣息、美好春天的氣味,其實是腐植質的味道——土壤中的有機分解物質。即使死亡的植物與病死的動物年復一年進入土壤中,土壤依舊有辦法回復原先的成分,顯然具備自我淨化的特質。科學家依據腐植質的抗病能力,假設微生物帶來的抗生素,應該有辦法收成,且有效殺死致命病原體。[39]山德士和其他的美國藥廠一樣,派出科學家到大自然探險,雇人蒐集樣本,號召旅行家、傳教士、飛機駕駛、海外學生尋找各式土壤。山德士甚至收到來自墓園的土壤，還把氣球放到空中，蒐集風中粒子。田野工作者上天入地，爬進礦井，攀至山頂，無處不至。員工也被囑咐清理冰箱時，別忘了留意是否出現有趣的黴菌。[40] 山德士什麼方法都想遍了，只盼下一個大突破早日出現。

終於在一九六九年夏天，微生物學家尚—法蘭索瓦．博雷爾（Jean-François Borel）從北挪威荒涼的哈當爾高地（Hardangervidda）[41]，帶給山德士一份土壤樣本。研究團隊在那些土壤之中發現「多孔木霉」（Tolypocladium inflatum）這種真菌。[42] 博雷爾帶回的樣本雖然抗菌能力不強，卻能高度抑制其他真菌的生長。[43]

醫學研究的發現總是姍姍來遲，千迴百折，沒人知道接下來會發生什麼事。博雷爾著手分離活性成分，發現可以做為免疫抑制劑——那是器官移植的關鍵物質，可以制止病患自身的免疫系統攻擊新移植的器官。很重要的是，博雷爾的免疫抑制劑可以只抑制與器官排斥有關的特定化學連鎖反應[44]，不會破壞任何能抗感染的白血球 T 細胞。這樣的選擇性與可逆性提供了更細膩溫和的療法。先前的療法因為不具選擇性，通常會破壞病患的整體免疫系統。

然而，博雷爾需要更多真菌，才有辦法繼續做研究，原先的存量大多已在一九七三年用罄。雪上加霜的是，山德士的高階主管也在此時開始質疑他的化合物是否有利可圖[45]，臨床測試與製造設備將至少得耗費二．五億美元[46]，而一九七六年時，公司預測一九八九年的相關銷售不會超過〇‧二五億。[47] 換句話說，器官移植藥物的市場看起來過於有限，博雷爾的劃時代發現即將被束之高閣。

如同研究史上的多數事件，接下來發生的事結合了個人的毅力、政治頭腦，以及天降好運。博雷爾利用手中最後的化合物，示範他的研究能夠有效治療其他自體免疫疾病，包括類風濕性關節炎與腎病症候群。突然間，財務估算對博雷爾的化合物有利：發炎性疾病向來是山德士的研發重點，比單純的器官移植市場大上許多。[48] 管理階層重新估算市場前景後，同意博雷爾繼續研究。

不幸的是，博雷爾的化合物不太能溶於水。藥物的溶解度一定要好，才有辦法在血液循環中達到理想劑量。[49] 這下子只剩一條路：跟許多藥物研究的前輩一樣，在自己身上實驗未經核准的物質。博雷爾把一些化合物溶進酒精喝下去，想觀察血液中能否檢驗出化合物。結果奇蹟降臨，真的行得通，那次的實驗移除了商品化最後的障礙。[50] 博雷爾把自己的發明命名為「環孢素」（cyclosporine）。一九八三年十一月，美國食品藥物管理局（Food and Drug Administration, FDA）核准環孢素除了可用於治療數種自體免疫疾病，也可用於避免器官移植排斥，博雷爾圓了十三年前的夢。[51] 一九八六年時，博雷爾榮獲加拿大表彰傑出醫學研究的蓋爾德納獎（Gairdner Award）[52]，許多人視這個獎為諾貝爾醫學獎的風向球。[53]

運氣？人定勝天？

到了二十世紀中葉，製藥業的研究重心已完全自有機
化學轉移至微生物學。一九六七年時，瑞士的羅氏在美國成
立「分子生物學研究所」（Institute of Molecular Biology），
汽巴也立刻贊助「弗雷德里希‧米歇爾研究所」（Friedrich
Miescher Institute, FMI）。米歇爾是巴塞爾的醫生與生理學
家，在細胞核中發現核酸[54]。也因此從概念上來看，汽巴與
山德士從有機化學，跳至製藥的微生物學，不再只靠自己第
一個知識領域（有機化學）的成本與產量競爭。它們當初要
是採取拼價格或拼產能的策略，將會把自己侷限於安替比林
或其他止痛藥等一、兩種產品。然而，實際上發生的事如下
頁圖 2.1 所示，製藥產業深受外部的科學界發現影響，巴塞
爾的先進者靠著微生物學這個第二知識領域，重獲新生。

很重要的一點是每次轉換領域時，產業知識的成熟度就
會回到早期階段。輝瑞首度以工業方式製造盤尼西林時（研
發深槽發酵法），製造流程不可預測，遇上種種難以克服的
變數。輝瑞不得不借重公司內部幾位食品化學家的專業知
識，因為食品化學家懂得如何透過發酵糖類，大量製造檸檬
酸。[55]這樣的過程是一種從工匠生產到大量生產的早期轉換。
換句話說，有機化學的每一件事被標準化、自動化時，微生
物學的藥物研發依舊處於工匠期。

數十年後，微生物學帶來新發現的腳步趨緩，重組 DNA
的技術帶來新一波的新知識，替願意投資和利用新技術的公

圖 2.1　瑞士製藥產業的知識漏斗

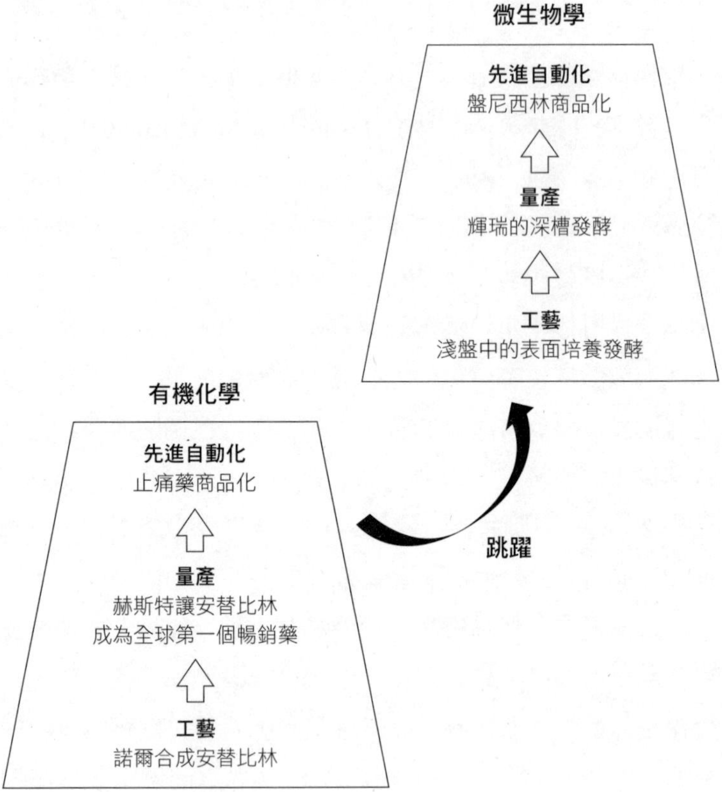

微生物學

先進自動化
盤尼西林商品化

⇧

量產
輝瑞的深槽發酵

⇧

工藝
淺盤中的表面培養發酵

有機化學

先進自動化
止痛藥商品化

⇧

量產
赫斯特讓安替比林
成為全球第一個暢銷藥

⇧

工藝
諾爾合成安替比林

跳躍

司帶來新機會。瑞士藥廠就是以這樣的方式，持續跑在其他模仿者的前面。先鋒不只掌握舊技術，還前進至新技術，跳至一個又一個的科學新領域，後進者手忙腳亂，試圖跟上。

　　儘管如此，科學與技術的進步，依舊得仰賴舊知識。微生物學這個新領域，並未使傳統有機化學就此變得不重要；
能有新發現，是因為科學家已經擁有某些先前的知識。細菌
學家要不是因為做實驗時，有大量的化學化合物可以倒在不
同細菌上，就沒辦法發現抗菌劑。要不是因為有適當染料可
以把細胞核酸染色，在顯微鏡底下看得更清楚，也不可能發
現人類染色體。微生物學這個新領域，以及有機化學這個舊
領域，相輔相成，才能不斷帶來進步。

　　市場競爭因此和登山很像，相互競賽的企業試圖登頂。
在知識基礎改變速度慢、甚至完全不變的產業，後進者最終
有辦法和先進者抵達相同高度。相較之下，在知識基礎會演
變的產業，新發現就像不斷出現的土石流，不曾有人能抵達
山頂，每個人都會不斷被往下沖。在這樣的競賽，經驗與先
備知識很重要。雄心壯志很重要，但幸運女神會眷顧有準備
的人。

　　但要是一間公司所處的產業，幾乎不可能有突破性的
發現，又該怎麼辦？那樣的公司是否絕對逃不了紡織公司遭
逢的冷酷命運？如果公司製造的是不太有變化的日常生活用
品，例如洗碗和洗衣服的清潔用品，是否依舊可能成為百年
老店？雖然聽起來機會不大，但寶僑做到了，靠著製造看似
平凡無奇的產品，在一百多年間打敗所有的競爭者。寶僑是
怎麼辦到的？

豬肉城的一間小店

　　從前從前，一八五七年，在俄亥俄州辛辛那堤市中心第六街與大街（Main Streets）交叉口的東北角，晚上六點鐘，累壞的詹姆斯・僑伯（James Gamble）跌跌撞撞走進自家辦公室的後廳。廳內的威廉・寶特（William Procter）剛剛記完帳，整理好每天的支出與銷售額。

　　僑伯關掉煤氣燈，對事業夥伴寶特笑著說：「威廉，靠爐火的光就夠了。」寶特最近才不甘願地裝上煤氣燈[56]，他是做蠟燭的人，對於那些用煤氣的新鮮玩意，向來沒什麼好印象，抱怨「所謂的改善家居生活的東西」，剝奪了他最喜歡的晚間娛樂：靠著大蠟燭發出的亮光，唸書給家人聽。

　　寶特（Procter）和僑伯（Gamble）除了是生意夥伴，還是連襟兄弟。好長一段時間，「寶特與僑伯」（Procter & Gamble）並沒有替店內販售的肥皂與蠟燭打造品牌，因為當時沒有這樣的需求。肥皂、衣物、油漆、香氛等家庭用品都是在地方上製作與銷售。不論是雜貨店、小店鋪，甚至是沿街叫賣的小販，做生意完全只靠面對面的銷售。[57]寶僑幫自己的產品取了實事求是的名字，是什麼，就叫什麼，例如：牛油蠟燭、松香棕櫚皂、澱粉珠（pearl starch）、豬油。[58]

　　僑伯先生為了製作肥皂，每天清晨四點半就抵達工廠，點燃爐火，派員工去收購肉屑與肥肉邊、可以製造鹼液（做肥皂的中間步驟）的草木灰，接著把滾燙的奶油狀混合物倒進木框，放置四五天，等著肥皂變硬。[59]

圖 2.2　寶僑早期階段的知識漏斗

機械工程

自動化
自動攪拌機、
輸送帶系統、倉庫與堆高機

⇧

量產
工廠工人遵守作業程序

⇧

工藝
手工肥皂與蠟燭

　　肥皂製造背後的化學作用是怎麼一回事，當時的人不太清楚，只有模糊的概念，僑伯也一樣。坦白講，就算懂產品背後的科學原理也沒差，任何人只需要取得原料，就有辦法自己做肥皂。寶僑位於辛辛那堤，占了地利之便，辛辛那堤的主要產業是屠宰業，地方上的屠宰場每天宰殺超過十萬頭的豬、牛、羊，寶僑因此能在這座綽號「豬肉城」（Porkopolis）或「豬京城」（the Empire City of Pigs）的城市[60]，低價取得大量動物脂肪。寶僑兩位吃苦耐勞的創始人，沒把心思花在弄懂肥皂製作背後的基本原理，而是把力氣用在研發省力裝置，增加產量。

　　舉例來說，僑伯為了加快切割肥皂的速度，在包裝線裝上一個台子，靠整齊排列的鋼琴線，一次把肥皂切成長條狀，接著長條狀的肥皂向右轉，在第二次通過包裝線時，被分成一磅重（約四五三公克）的大小。切好的肥皂接著被送進腳踏壓模機，打上公司商標，一次可以裝箱包好六十塊肥皂，送進倉庫。

寶特和僑伯能以這種創新的工業製造法生產消費者商品，可說是相當不尋常。兩人接受的都是傳統工匠訓練，大部分的工作都以手工完成。當時美國鄉村的產業，主要是從事小規模活動的工坊與小型工業鎮。汽車大王亨利・福特（Henry Ford）的生產線（assembly line），或稱「逐漸式的組裝」（progressive assembling），還要數十年後才會問世[61]，也因此寶僑的兩位創始人，想來是受到地方屠宰業者的啟發，才想出自動化的點子。那個年代沒有冰箱，屠宰業者不得不想出一套有效的加工體系，讓包裝好的肉不會還沒送出去就臭掉。滑輪與輸送帶把肉品送至工廠各處，工人站在定點，完成自己負責的特定任務，例如移除腕骨、分離結締組織、清理廢料等等。[62] 寶僑提高產量的藍圖，大概來自在牛油與豬油的貿易樞紐，近距離觀察豬隻的「分解線」。

到了一八七〇年代，寶僑的規模成長至十六間製造廠房，占地約六萬七千平方英尺，雇用三百多名員工。廠內裝上更複雜的裝置，有七個大鍋，每一個大鍋高十呎（三公尺）。此外，寶僑不再靠銅勺手動舀出滾燙液體，而是設計出自天花板垂掛的連鎖裝置，靠腳踏板控制。自動化的直立式攪拌器裝著旋轉葉片，負責攪拌滾燙液體，徹底均勻混合，再把混合液倒進裝有輪子的長方形鐵模，凝固成肥皂，接著再靠蒸汽動力切割器分成小塊，產線不斷做出大小形狀一致的肥皂。[63]

前文圖 2.2 的知識漏斗概念再度登場。建設大型製造設備的擴張策略，很明顯是從「早期工藝走向大型生產與自動化」的策略，機械工程主宰一切。每一天，數百名製程工程師在廠裡跑上跑下，監督產品的流水線生產，每天的首要任務就是把關產品品質與產能。

販售美好生活

寶僑由第二代的哈利・湯瑪斯・寶特（Harley Thomas Procter）與詹姆士・諾里斯・僑伯（James Norris Gamble）接手時，也開始跌跌撞撞地朝大企業的規模邁進。寶僑著名的產品星星蠟燭（Star Candle）先是遭到煤氣燈重擊，如今又被愛迪生的白熾燈泡一拳打倒，寶僑不得不把心力加倍放在肥皂上，以彌補無法挽救的蠟燭營收損失。有很多年時間，哈利一直試圖說服家族企業中的親戚與長輩，公司若要轉危為安，一定得打廣告。他尤其對於公司的一項決策氣到跳腳：詹姆士・僑伯調配出品質非常好的新白皂，公司卻決定只命名為「寶僑白皂」（P&G white soap）。哈利批評：「外頭有好幾百家公司都在推銷『白皂』，雜貨店裡擺著一大堆，不管是進貨的商人還是顧客，他們根本不在乎自己買了哪家的肥皂。」[64]哈利不肯放棄，最後終於在一八八二年，說服家族掏出一萬一千美元（今日的二十萬美元），讓他第一次打廣告。[65]哈利立刻和紐約一位獨立顧問合作，找出產品純度背後的科學解釋[66]，結果發現肥皂品質並沒有統一的定義。顧問確認教科書，指出肥皂應該完全由脂肪酸和鹼組成，其他都算「不相關、不必要的物質」[67]，還提出相較於其他三間領導品牌[68]，寶僑的白皂雜質最少，僅占微量的 0.56%：游離鹼（0.11%）、碳酸鹽（0.28%）、礦物質（0.17%）。[69]哈利是貨真價實的行銷天才，他把整體內容物減去殘留的雜質，想出廣告標語：「99 44／100% 純正」[70]。一八八二年十二月二十一日，廣告問世，大聲宣布：「象牙（Ivory）洗衣皂有著最上乘的高級香皂品質，純淨度高達 99 44／100%。」[71]那則廣告出現在宗教周刊《獨立刊》（Independent）上[72]，只見一位女士纖細的雙手，將結實細線綁上一大塊肥皂，輕輕鬆鬆就將肥皂分成兩半。廣告最後還有令人興奮的標語：「它還會浮在水上！」

哈利卯足了勁打廣告時，恰巧碰上前所未有的大好時機。在一八四〇年代與一八五〇年代，新型的彩色平版印刷法大受歡迎。藝術家利用油水無法混合的原理，直接在石灰岩板上，利用蠟筆等油基中介物畫上設計。新型的印刷術不需要昂貴又費力的木板或銅板雕刻，以平易近人的價格，就能呈現出令人眼睛為之一亮的醒目畫面。[73]

在那個沒有電影、電視、收音機的世界，彩色平版印刷立刻被應用於書籍插畫、廣告及其他商業用途，十九世紀

貨箱上方是最初的象牙肥皂與原始包裝（右），二〇〇四年六月十八日星期
五，保存於寶僑辛辛那提總部的檔案中心。一旁是現代綠色包裝的象牙肥皂，
同樣也能浮於水上。　　　　　　　　　　　　　　　　　資料來源：美聯社

美國民眾的眼睛離不開那些迷人的圖案，製造商大方供應零
售商彩色平版印刷的海報、名片，以及其他五花八門的宣傳
材料，吸引店家進貨。[74] 消費者四處搜集，當成紀念品，放
進剪貼簿與蒐集本。印刷業是最大贏家，一躍成為大產業，
從一八六〇年的六十家印刷公司，到一八九〇年成長至七
百家。[75]《紐約時報》在一八八二年稱美國為「彩色平版印
刷文明」（chromo-civilization），「美輪美奐的廣告，標識著
今日的大眾藝術文藝復興。民眾展現的狂熱帶來最激烈的競
爭，廠商搶著製作最精美的設計、最誘人的新奇事物。廣告

小卡成為大事業，由全國最優秀的人才設計……卡片與品牌愈美或愈具藝術感……就會被陳列愈久，討論度最高。」[76]

報社做生意的公式也就此改變，不再像先前一樣仰賴讀者帶來的營收，改成售價愈便宜愈好，損失的利潤靠廣告商彌補。廣告商掏出的錢，遠高於報紙的銷售數字。寶僑在哈利的帶領下，廣告預算自一八八四年的四萬五千美元，至一八八六年變成三倍，砸下十四萬六千美元[77]，寶僑因此成為全美最大的廣告主。[78]

同一時間，彩色平版印刷開始應用在雜誌廣告。[79] 寶僑在《美國醫學會雜誌》（_Journal of the American Medical Association_）刊登廣告，細心指導年輕母親：「關節下方的皮膚呈皺摺狀，孩子身上的那些部位如果受摩擦，覺得疼痛，是因為肥皂裡含有太多鹼。象牙肥皂不含多餘的鹼，適合嬰幼兒嬌嫩的皮膚。」[80]

一九一九年十月，數百萬美國人仔細閱讀當時最具影響力、銷量最大、每週發行的《星期六晚郵報》（_Saturday Evening Post_），看見整版的彩色廣告，圖中一個中上層階級的家庭中，女僕正在女主人的監督下清潔家中物品。圖案下方寫著：「象牙肥皂能使珍貴物品潔白如新，粗糙肥皂則會毀了它們……象牙肥皂可以清潔東方地毯、油畫、高級桃花心木、琺瑯、鍍金框、雕像、絲綢窗簾、珍貴擺設。」[81] 寶僑甚至舉辦廣告點子競賽，哈利曾懸賞一千美元，尋求任何「新奇、不尋常、更好的象牙肥皂使用法」。大眾熱烈響應，寶僑將各式各樣的消費者見證蒐集成冊，從紓解肌肉疼痛到珠寶拋光，無奇不有。[82]

從今日的眼光來看，以上的廣告手法有點雜亂，瞄準的受眾太廣，每個月呈現的形象與傳遞的訊息都不一樣[83]，不過象牙肥皂五花八門的廣告，最後集中瞄準單一受眾：以新教徒為主的白人郊區居民。新廣告大幅美化美國的維多利亞時期（Victorian America），以傳統家庭場景下的婦女、孩子、嬰兒為主角，強調純潔、女性氣質、家庭生活等核心價值觀，在快速工業化的年代營造值得信任的形象，也培養出公司可以放心倚賴的忠誠客群。只不過，經過精心計算的手法，再也不是由哈利親自主導，功勞也無法歸給某個自信的高階主管一時興起，而是由低調的分析人員以有條不紊的方式，辛苦進行無數次的修改與調整，一時心血來潮的靈感逐漸變成可以重複倚賴的流程。

最早的數據巫師

哈利在四十五歲時決定退休，享受人生，四處旅行，長居巴黎、倫敦、埃及[84]，哈斯汀・L・法藍區（Hastings L. French）接替他的位子，掌管整個銷售部門。法藍區是土生土長的辛辛那堤人[85]，做事一絲不苟，和負責廣告部門的哈里・W・布朗（Harry W. Brown）[86]一起鑽研堆積如山的資料，找出帶來正面結果的行銷計劃都具備什麼樣的模式，例如兩人曾經研究寶僑一八九六年在水牛城贈送試用品的宣傳活動。那次的活動預算高達三千七百美元，但並未刺激出明顯買氣。[87] 法藍區和布朗的做法不同於二十世紀的百貨大亨約翰‧沃納梅克（John Wanamaker）。沃納梅克有一句名言：「我花的廣告費，有一半的錢被丟進水裡，但問題是我不曉得是哪一半。」[88] 寫在公司筆記本上的平凡細節紀錄，很快就裝滿一個又一個檔案櫃。法藍區和布朗認為，如果要讓行銷精準，就必須以可靠、可重複的方式評估廣告效用，擷取個人洞見，化為公式，找出可重複的步驟。依據數據下決定的四大基本步驟：蒐集資料、分析、洞見、行動，成為寶僑的公司準則。以科學方式打廣告——生產與蒐集資料、尋找模式、找出因果關係——讓法藍區和布朗得以利用「消費者心理學」這個新興領域。

　　美國第一位重要應用心理學家華特‧D‧史考特（Walter D. Scott）在《大西洋月刊》一九〇四年一月那期，發表〈廣告心理學〉（"The Psychology of Advertising"）一文，主張「商業人士必須了解顧客的心理運作機制，也必須懂得有效影響顧客，才有辦法聰明操作廣告。也就是說，商業人士必須懂得將心理學應用在廣告上的方法。」[89]《福勒宣傳百科》（*Fowlers Publicity Encyclopedia*）建議管理人員設計郵購目錄時，應該「先對十幾位一般民眾試驗內容，看看他們能否理解」——這個建議可說是現代市場研究法的前身。相關看法相當前衛，超前時代，但寶僑已經在大力執行。

　　值得一提的是，寶僑其實可以把多數的行銷工作交給獨立廣告公司負責。廣告工作通常需要好幾位高度專業的插畫師：一位以最忠實的程度提供產品技術圖，一位負責替產品的使用情境創造出理想化或甚至是浪漫化的版本。插畫師如果有名氣，廣告產品通常也會跟著沾光，對廣告主有好處。不過，智威湯遜（J. Walter Thompson）與羅德湯瑪士（Lord & Thomas，日後的 FCB）等部分最早期的廣告公司，不只提供賞心悅目的圖畫與色彩。他們製作廣告內容，將自己的創意專長提供給客戶，教他們媒體購買的訣竅[90]。有的廣告公司旗下有研究與資訊部門，有的依據社會人口劃分市場區隔，有的在紐約與倫敦設立工作室廚房，趁家庭主婦試用新產品時觀察她們。[91] 事實上，要不是因為廣告創意人士推了一把，許多傳奇性的廣告與口號不會問世，例如香吉士（Sunkist）柳橙、聖美多（Sun-Maid）葡萄乾、固特異（Goodyear）輪胎、萬寶路牛仔（Marlboro Man）、鴻運香菸（Lucky Strike）、福斯金龜車（Volkswagen's Beetle）、「我和我的凱文之間沒有距離」（Nothing gets between me and my Calvins）、「千里迢迢，只為駱駝香菸」（I'd walk a mile for a Camel）、「好菸就找雲斯頓」（Winston tastes good like a cigarette should）、「為 Gap 沉淪」（Fall into the Gap）。[92]

　　寶僑違反一般潮流，決定在公司內部自行掌握消費心理學，不把新知識領域外包給別人。寶僑透過自己做的民意調查，得知美國女性在做家務時，希望能聽廣播娛樂，於是大手筆實驗在白天播出廣播劇，一九三三年在辛辛那堤的地方專用頻道電台，推出廣播史上第一齣家庭喜劇 93，一推出就大受歡迎。一九三〇年代時，美國遭逢經濟大恐慌，競爭對手削減廣告預算，寶僑卻增加電台支出。寶僑不但手法遠遠超前其他量產肥皂商，獲利也從一九三三年的兩百五十萬美元，暴增至一九三四年的四百萬美元。電台把寶僑的訊息以史上前所未有的程度，傳進家家戶戶，寶僑的管理者掌握了新媒體的藝術，接著又打造出全新的電台娛樂：肥皂劇。94

要不是寶僑將消費者心理學當成第二個根基領域，一切不可能成真。寶僑的轉向雖然是細微與漸進式的，但我們可以從歷任執行長的專長與背景特色看出端倪。一九五七年時，《廣告時代》（Advertising Age）報導：「寶僑必須挑選新任總裁時，他們回到找到前任總裁的地方，也就是廣告部門。」95 不是工廠，不是銷售部門，而是廣告部門。奠基於消費者心理學的新知識，讓寶僑能以異於其他民生消費性用品品牌的方式創新，數十年間都是運用新媒體打廣告的先鋒，一路成功從電台廣播轉換到彩色電視，再到社群媒體行銷。

同一時間，寶僑的製造技術持續前進。一八八六年，寶僑的新生產據點「象牙谷」（Ivorydale）正式營運，取代原本的製造廠。新據點富麗堂皇的景象，令不看好的人士瞠目結舌。象牙谷位於辛辛那堤市區北方七英里處，由芝加哥建築師索隆・斯賓塞・貝曼（Solon Spencer Beman）設計，占地五十五英畝，共有二十棟建築物 96，在辛辛那堤當地造成轟動：寬廣的草坪隔開象牙谷與街道，樹木扶疏，花團錦簇，

圖 2.3　寶僑從機械工程領域跳往消費者心理學

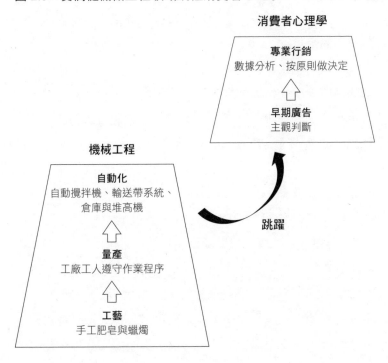

消費者心理學

專業行銷
數據分析、按原則做決定

⇧

早期廣告
主觀判斷

機械工程

自動化
自動攪拌機、輸送帶系統、
倉庫與堆高機

⇧

量產
工廠工人遵守作業程序

⇧

工藝
手工肥皂與蠟燭

跳躍

還有池塘與噴泉。石灰岩建築配上山牆紅磚，整齊劃一，皆
為一層樓高，唯有裝設鍋爐的廠房高二層樓。巨大煙囪聳立
在城市地平線上，每一根皆高超過兩百呎（約六十公尺），
源源不絕向著天空吐出廢氣。

　　工廠內，參觀者驚歎於蒸汽帶動的輸送帶，將空盒與肥
皂塊帶至工人面前包裝。大門前停放著寶僑擁有的閃亮紅色

火車頭，爐鍋前擋板上裝飾著寶僑的月亮星星商標。象牙谷自一八八六年開始運轉後，很快就協助寶僑成為身價達數百萬美元的企業。[97]

不過，光是從事大規模製造，不足以讓寶僑抵擋新競爭者的挑戰。前文提過，來自日本的新起之秀及其他遠東國家的企業，是如何讓美國南方的工廠在取代北方後關門大吉。寶僑要是死守最初的知識領域（機械工程），不論如何擴張，事業終將無法持久。光採擴產策略，只會帶來損人不利己的削價競爭。

那正是為什麼當哈利・寶特把寶僑的白皂命名為「象牙」，裝進黑白相間的棋盤圖樣包裝紙，宣布：「這款肥皂會浮起來！」，他其實是跳進了新興的消費者心理學領域。圖2.3 顯示，哈利早期的嘗試整體而言過於分散，主要靠猜測與主觀判斷，但他很聰明，後來讓專業經理人接手把自己的方法系統化。二十世紀揭開序幕前，從小型工匠事業起家的寶僑，已經又從機械工程跳至消費者心理學的世界。

抽絲剝繭

目前為止，我們看了兩個重要的轉型例子：寶僑從機械工程跳至消費者心理學，巴塞爾的藥廠從有機化學跳至微生物學。商學院高度偏好量化資料集：研究人員蒐集大量樣本，接著採取「平均」分析，希望找到企業的高績效公式。經典例子是吉姆・柯林斯（Jim Collins）二〇〇一年的暢銷書

《從 A 到 A+》（*Good to Great*）。他的研究團隊從一千四百多
家公司著手，找出十一家某段期間績效平凡、後來卻變成高
績效的公司，接著又找出類似產業中，從頭到尾都表現平庸
的公司，比較平庸組與高績效組，找出使贏家脫穎而出的特
質。相關特質中，執行長的性格是重要關鍵：通常會躲避鎂
光燈的謙遜領導者，帶領著從 A 到 A+ 的公司；較以自我為
中心的「超級明星」高階主管，則通常領導著平庸的公司。

雖然相關結論聽起來言之有理，柯林斯找到的優秀公司
有多家日後走下坡，財務發生困難，或是被迫歇業。十一家
一度表現亮眼的公司中，電路城（Circuit City）在二〇〇八
年申請破產；房利美（Fannie Mae）由政府紓困；富國銀行
（Wells Fargo）陷入銀行醜聞；連鎖超市克羅格（Kroger）在
電子商務面前節節敗退。

在商業的世界，經理人面對著千變萬化的環境，幾年
前有效的東西，不一定能用一輩子，也因此過度依賴相關性
的研究方法，有可能誤入歧途：相關通常不完整；某些因素
很難納進量化樣本，例如執行長依據緊急報告所下的特殊決
定。學者如果沒有深入公司內部，只在外頭進行研究，就可
能得出有問題的結論。究竟是謙虛執行長會帶來高績效的企
業，也或者是績效高、財務壓力小的公司讓執行長不必那麼
野心勃勃？這種事很難講。

這並不是說，深度的歷史分析一定是較為優秀的研究
法，只是大量採樣的研究通常無法細分因果關係，解釋為什

麼某些管理決策會在不同情境下，帶來不一樣的結果，以及究竟是怎麼辦到的。長期的個案史比較若是做得好，研究人員可以有自信地推論出明確原則，找出管理者的哪些行為在特定情境下，將導致或不導致理想結果。

在我們進一步討論之前，先回顧一下目前為止我們從諾華與寶僑的歷史中，抽絲剝繭得知哪些事。我們觀察到持久的競爭優勢不是烏托邦，商業機密與獨門知識通常會流向模仿者。進一步的證據是開發中國家趕上已開發國家的標準技術平均時間，已經從遠超過一百年（一七七九年問世的紡錘），縮短至十三年（手機）。[98] 類似的例子還有在一九二二年，美國的輪胎工業一共有二百七十四家公司，到了一九三六年數目下跌八成，剩四十九家[99]，今日更是只剩兩家美國輪胎公司在全球市場上競爭。

先進者唯有像製藥業一樣不斷跟上知識的腳步，從一個領域轉換到另一個，才有辦法搶占先機，享有先進者的競爭優勢。從這個觀點出發後，接下來要問的問題就是：你的公司在過去是否曾經從一個知識領域跳至另一個？有的話，結果是什麼？沒有的話，是什麼阻礙著你們？更全面的問題是，如果說跳躍至新知識領域對公司的長遠發展來講這麼重要，為什麼這麼做的公司並不多？[100]

若要回答最後一個問題，就得探索大型複雜組織的資源分配過程。下一章會探討瑞士藥廠與寶僑後期的轉型是如何讓公司順利過渡至二十一世紀。這幾間百年老店的大結局幫助我們了解兩件事。首先，近現代的企業史可以讓我們窺知在混亂的變局中，企業實際上是如何做出困難的取捨。第二，透過蒐集企業的長期數據點，才能確保我們的結論的正確性，而非只挑選符合預期結論的少量數據。

當然，策略永遠不可能完美，頂多只能增加成功的機率。接下來我們要看，老牌大型組織的資深領導者如何增加基業長青的可能性。

03

躍競的時機
諾華以應變型決策擴張全球，寶僑靠自我吞噬穩坐產業龍頭

認清自己的價值觀後，做決定便不難。
——羅伊 · E · 迪士尼（Roy E. Disney），
迪士尼前資深主管

做不可能的事還挺有趣的。
——華特 · 迪士尼（Walt Disney）

新技術

一直到一九八〇年代，製藥公司依舊仰賴天然的微生物製造各種藥物——盤尼西林來自青黴菌，麥角胺來自麥角菌。輝瑞與山德士因此花很大的力氣，成立全球土壤篩選計劃。如果是胰島素或其他成長荷爾蒙，有時只能從動物身上提取，甚至要動用到人類的屍體。隨著二十世紀一路前進，藥物研究也快速成為最昂貴的科學。如果要用一個詞形容藥物的整體發現過程，那就是「勞民傷財」。生物醫學研究有大量例子是動物試驗成功了，但在人類身上又不行了。[1] 潛在

藥物或候選藥中，95％左右在進入臨床實驗階段時會失敗，例如藥效不夠強，或是帶來太多副作用。[2] 難堪的統計數字大幅增加了財務成本。巴塞爾的藥廠不得不集中資源，彼此共享，以求跟上最新發展。

一九九六年三月七日，汽巴、嘉基、山德士宣布當時史上最大型的現代企業合併。三間公司經過彼此之間數十年的併購與結盟後，即將合而為一，更名為諾華（Novartis），源於拉丁文「*novae artes*」，意思是「新技藝」或「新技術」。[3] 諾華追求的新技術是「重組 DNA 科技」，也就是二十年前預示著生物科技革命的醫療操作。

一九七三年時，加州研究人員史丹利・科恩（Stanley Cohen）與赫伯・博耶（Herbert Boyer）證明我們有可能繞過天擇，在「大腸桿菌」這種人體腸道內常見的簡單細菌內，直接插入遺傳變異。兩人認識之前，史丹佛大學的科恩研究細菌對抗生素的抗藥性，博耶則在加州大學舊金山分校（University of California, San Francisco）研究限制酶（restriction enzyme）。限制酶是一種分子工具，可以切割特定的 DNA 節點。科恩與博耶一起做實驗時製造出一種細菌，它的抗病基因會同時抵抗兩種抗生素，中間並未經過天擇的演化流程，而是透過重組 DNA，自此證明 DNA 能以人工方式重組。科學家透過重組 DNA，「命令」細菌的細胞成長，大量製造複雜的蛋白質分子，就連不存在於大自然的分子也可以，替人類生產出重要藥物。此一細菌生物分子機器

（bacterial biomolecular machinery）可以製造出對於傳統化學製程合成來說太昂貴、太複雜的藥品。博耶後來成立全球第一間生物科技公司，命名為「基因泰克」（Genentech），也就是「基因工程科技」（Genetic Engineering Technology）的簡寫。生物科技的年代來臨。

汽巴嘉基與山德士在一九九六年合併為諾華，諾華除了是歐洲第二大公司，也是全球第二大製藥公司，在一百四十多國擁有三百六十間子公司。[4]山德士的前執行長丹尼爾．魏思樂（Daniel Vasella）被指派掌管合併後的新公司諾華，首要任務是檢視汽巴嘉基與山德士的研究計劃，尋找下一個暢銷藥。

魏思樂博士的訓練背景是醫生。他生於橫跨瑞士德語區與法語區的佛立堡市（Fribourg），父親是歷史學教授，童年成長環境並沒有醫學。[5]然而，病痛不停在他的早期歲月留下創傷，因此讓他走上一生奉獻給醫學的路。魏思樂八歲時得到肺結核與腦膜炎，被迫待在與世隔絕的療養院一年，遠離家人[6]，據說雙親那一年完全沒去看過他，兩個姊姊也只去過一次。年紀小小的魏思樂又寂寞又想家，他還記得某次腰椎穿刺的恐怖經驗，當時院方為了抽取他脊髓周圍的液體，護士不得不像「壓制動物」一樣制住他。[7]

然而有一天，一位新的醫生來看魏思樂，花時間向他解釋療程的每一個步驟，還讓他握住護士的手，而不是找人壓住他。魏思樂回想：「神奇的事發生了，那次一點都不痛。結束後，醫生問我：『感覺如何？』我伸手擁抱他。那些充滿同情心的舉動……令我印象深刻，我想要成為那樣的大人。」[8]

兩年後，十歲的魏思樂再次遭逢不幸。姊姊烏蘇拉（Ursula）被診斷出何杰金氏病（Hodgkin's disease），也就是淋巴癌。[9]魏思樂還記得姊姊因為採取積極放射治療，全身都是燒傷的痕跡。癌症擴散至肝臟時，烏蘇拉虛弱到無法在病床上坐起，但依舊拒絕放棄高中學業，最後在生命流逝的當下，在人生最後一個夏天畢業。姊姊懇切的遺言將永遠刻在小魏思樂心上：「丹尼爾，你要好好念書。」

人的一生中，命運與巧合只有一線之隔，與不幸也只有一線之隔。魏思樂不懂帶走姊姊性命的疾病，一直要到日後在瑞士伯恩大學（University of Bern）念醫學院，才開始理解癌症。他在大學的附設醫院內科當了四年總住院醫師，接著加入山德士的製藥事業，後來在美國工作過三年，期間曾在哈佛商學院待過三個月。[10]

成為執行長後，魏思樂檢視諾華的研究計劃時，認識了艾列克斯·馬特（Alex Matter），魏思樂日後稱馬特是「蠻牛知識分子」。[11]馬特個子高，沉默寡言，卻一針見血。他花了十多年時間在汽巴嘉基建立癌症研究，當時癌症研究仍被視為「醫學的死水領域」。[12]

對多數醫師而言，抗癌的標準做法是開刀移除腫瘤，接著進行化療與放射治療──基本上就是把有毒物質或放射性物質注入體內。醫生殺死癌細胞的速度，如果快過殺死健康的細胞，病患就有可能存活。然而，癌症藥物雖然可以有效制止惡性細胞成長，卻會同時摧毀正常細胞與惡性細胞，造成病患過度虛弱。任何經歷過這種痛苦療程的人都能作證，從移除腫瘤到化療，整個流程幾乎像是在抗生素尚未發明的年代，為了制止早期的感染擴散而截肢。[13]

對馬特來說，這種靠重創身體來治療癌症病患的方法實在太不人道。他認為這種方法就像是「把化合物注入老鼠體內，然後祈禱——搞不好腫塊會縮小。就那樣而已。」[14] 人類對於癌症所知太少，測試直覺的唯一方法，就是實際上做做看，看會發生什麼事。

尋找神奇子彈

每一家公司在執行公司策略時，有兩種性質相左的方法，一種是「計劃型」（deliberate），一種是「應變型」（emergent）。「計劃型策略」一般高度重視方法與分析，資深主管謹慎分析每一件事，以求找出與業務有關的答案，包括市場的成長數據、市場區塊的大小、顧客需求、對手的強弱項、科技走向等等。最後的步驟通常是精確分析財務上可不可行。淨現值或內部報酬率（IRR）如果是高的，就有信心策略的確值得執行。

然而，不是所有的機會都能靠這種由上而下的方法穩穩抓住。前英特爾（Intel）董事長安迪‧葛洛夫（Andy Grove）說過：「就我的經驗來看，〔由上而下的策略性計劃〕最後總是淪於空談，很少能在公司實際的工作情境中生根。策略性行動（strategic action）才會帶來真正的影響。」[15] 葛洛夫提到的「策略性行動」事實上就是應變型策略，也就是中階經理人、工程師、銷售人員、財務人員日復一日的週期與投資決策所帶來的積累效應，對公司長遠的發展方向來講，可能帶來不成比例的巨大影響力。相關決策一般是戰略性的，但通常不會在公司正式仔細研究的範圍內。以英特爾的例子來講，英特爾的關鍵歷史決定是放棄記憶體晶片，專心做微處理器，而此一決定其實來自各部門與工廠的大量非中央決策，接著才被高層認可，宣布定為策略。英特爾依據自家每一條產品線每片晶片的毛利率，分配「晶片製造產能」這個關鍵資源。英特爾負責安排工廠製造排程的人員，每個月開一次會，將手中的製造產能分配給從記憶體晶片到微處理器等各種產品。在一九八〇年代初期，日本製造商強力打進美國市場，記憶體晶片的價格一落千丈。英特爾在分配資源的過程中，讓公司從記憶體晶片公司轉向成為微處理器公司。雖然這樣的策略轉向是從中階管理者平日做資源分配決策時冒出來的，並不是高階主管強調的策略，但一旦這個新的事業機會更加明朗後，英特爾的管理階層就全力支持這個新的計劃型策略。[16]

　　英特爾的例子是最理想的策略結果：由公司主導的策略，接替應變型策略。應變型策略若是被僵化的公司體制所圍，公司將面臨災難。組織如果處於相對穩定的環境，可以替自己的策略規劃一定的細節，但如果身處無法預測的環境，只能提出幾條策略性的原則與方針，隨機應變。換句話說，相較於計劃型策略，商業環境變得混沌難測時，應變型策略的重要性也隨之提高。博雷爾早期實驗免疫抑制劑時，主要靠個人的熱情，而那樣的應變型策略最後推著山德士走向新方向。數十年後，馬特追隨博雷爾的腳步，他自行發起的研究計畫，最終替諾華帶來重要的企業復興。

* * *

一九六〇年代時，「慢性骨髓性白血病」（chronic myeloid leukemia, CML）的基因成因逐漸為世人所知。慢性骨髓性白血病是一種罕見白血病，會影響骨髓的造血細胞。從研究的角度來看，找到這種病的基因成因是重大突破，因為科學家首度發現細胞核染色體內置換的 DNA，如何能啟動「Bcr-Abl 酪胺酸激酶」（Bcr-Abl tyrosine-kinase）這種不尋常的酶製造。[17] 激酶是調節細胞內大量活動的一種酶，錯誤的 Bcr-Abl 會導致骨髓細胞（製造紅血球與白血球的細胞）不受控地增生，導致數量不停大量增加，就好像免疫系統的製造開關卡在「全速製造」那一格。不受控的細胞成長是所有癌症的源頭。以慢性骨髓性白血病來講，白血病開展時，病患會感到疲憊、發燒、畏寒、偶發性出血、骨頭疼痛，最終死亡。[18]

慢性骨髓性白血病的基礎生物學揭曉後，至少在理論上就有可能攻擊癌細胞內的特定分子。馬特認為細胞內部是一個由分子組成的無限宇宙，分子會像複雜的鎖一樣選擇夥伴，只有特定的鑰匙能開。馬特的設想是設計出可以抑制 Bcr-Abl 蛋白質的化合物，以化學方式與其連結，中斷不受控的連環細胞增生。分子的配對特性應該能夠帶來聰明的化合物工程，有如用撬鎖工具來開鎖一般，中斷特定的化學連鎖反應，又不會擾亂其他反應。馬特回憶：「我依據這個概念召集一支小團隊，看看能否設計出這樣的分子。」[19]

對當時的許多人來講，研發出能夠穿越細胞膜的化合物，抵達 Bcr-Abl 蛋白質所在的細胞核，聽起來有如科幻小說。當時人們對於分子層級的化學複雜度所知不多，難如登天，但馬特具備驚人的毅力與決心，有辦法號召其他人一起進行這個不可能的任務。

當時三十二歲的尤格‧齊莫曼（Jürg Zimmermann）是心懷壯志的化學家，他形容計畫最初上路時，幾乎可說是「土法煉鋼」，「令人尷尬」。「我們其實不曉得酶的結構，所以我依據自己的想像畫在〔紙上〕，接著試圖在紙上想像形狀會是什麼樣子，然後再畫一遍。」[20]齊莫曼有如試圖打造正確鑰匙的鎖匠，製造出數千種化合物，交給團隊中的細胞生物學家伊麗莎白‧卜當格（Elisabeth Buchdunger）驗證結果。齊莫曼漸漸了解分子結構的微調會如何影響分子的化學性質，進而影響化合物的有效性、毒性、溶解度。「在這段期間，科學期刊聲稱永遠不可能打造出〔只與 Bcr-Abl 連結〕

的選擇性化合物⋯⋯或許我們最大的優勢，就是我們全都相信總有一天會成功，我們拒絕放棄。」[21] 每一天，齊莫曼和團隊都往解決手中的化學之謎，更加前進一步。

大約九年後，一九九四年的二月，團隊證實合成出一種化學物，可以在體外（試管實驗）抑制九成的白血病細胞。那個化學物可以在不傷害正常細胞的情況下，與 Bcr-Abl 蛋白質連結，有效抵抗癌細胞。這將是第一個藉由精確了解基礎生物路徑所研發出的癌症藥物——這可是大新聞，不只是因為研發出的藥物十分重要，發明的過程也令人震撼。標靶化合物「STI571」成為新藥候選物質，等著進行動物研究與人類病患實驗。[22]

在醫藥領域，當科學家好不容易解鎖一個盒子，通常會發現盒子裡頭，又有另一個上鎖的盒子。如果要利用生物學來發現新藥，就得懂有機化學。如果要利用新興的人類基因知識，了解癌症的分子通道，首先必須擅長微生物學。一環扣著一環。瑞士藥廠就是因為有能力逐漸轉換至不同的基礎知識領域，有能力避開新競爭。下頁的圖 3.1 摘要了巴塞爾藥廠的幾次跳躍。

然而，前文提過只有非常少數的化合物能在名列候選藥後，還能有進一步的發展。多數候選藥無法通過臨床試驗。馬特團隊製造出的新化合物 STI571，同樣也面對不確定的前景，而且就算能夠通過臨床試驗，治療慢性骨髓性白血病的市場看起來十分有限。慢性骨髓性白血病一種罕見癌症，每

圖 3.1 瑞士藥廠的跳躍過程

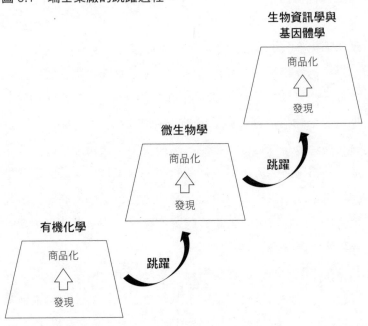

年影響八千兩百名美國成人。相較之下，前列腺癌估計有十六萬五千個美國病例，乳癌有二十五萬個病例。如同三十年前博雷爾在山德士藥廠碰上的事，諾華的主管擔心 STI571 不太能回本，光是動物研究與臨床實驗就得耗費一億至兩億美元。[23] 執行長魏思樂寫道：「製藥團隊與我必須思考困難的抉擇。」。[24]

儘管舉棋不定，STI571 在初期試驗出現理想結果後，執行長決定繼續研發這款藥物。他坦言：「說到底，我們是做生意的,商業決策通常來自某種形式的統計分析,以及獲利的可能性。然而,身為管理團隊的一員,既然產品推到市場上後,有不錯的機會可以改變醫療界,我們責無旁貸……我告訴我們的全球技術長:『錢沒關係,我們就做吧。』」

　　當然,錢對藥廠來說很有關係。諾華最後得以進行史上最大型的臨床測試,很大的原因是慢性骨髓性白血病的患者,組成一個關係緊密的小型病患社群。他們大聲呼籲讓測試對象立刻納入末期患者,STI571 是這群人唯一的希望。標靶分子不同於傳統化療,只攻擊癌細胞,不會影響健康細胞,也因此可以免去許多副作用,包括不再掉髮,皮膚與腸壁不再脫落,血管不再阻塞,也不再會噁心想吐。STI571 的副作用十分輕微,許多患者還以為自己拿到安慰劑,但他們也感受到貨真價實的治療好處,壽命的延長程度遠超過最初的預期。在輿論的壓力下,美國食品藥物管理局以破紀錄的時間核准新藥「基利克」(Gleevec,STI571 的商品名)上市,審查一共只花了兩個半月。二〇〇一年五月十日的新聞發表會上,美國衛生公共服務部部長湯米·湯普森(Tommy Thompson)強調:「我們相信這樣的標靶療法是未來的潮流。」[25] 二〇〇九年,基利克的三位開發人榮獲醫療最高榮譽「拉斯克獎」(Lasker Award)。[26]

新知識領域的史詩任務

　　基利克療法靠一組特定的置換 DNA,以化學方式結合

Bcr-Abl 蛋白質，讓一度是急性癌症、存活時間中位數為三至六年的慢性骨髓性白血病，變成一種慢性疾病。只需每日口服藥物，許多病患在初次診斷過後，平均預期可以再活三十年。[27] 諷刺的是，雖然慢性骨髓性白血病依舊是罕見疾病，病患壽命延長後，基利克的整體銷售額隨著成長，預估到了二〇三〇年，美國將有二十五萬尚存活的慢性骨髓性白血病患者，而他們需要每日服藥。[28] 二〇一二年時，慢性骨髓性白血病的治療已經成為四十七億美元的生意，基利克成為諾華最暢銷的藥物。[29]

　　不過，這個案例最深遠的影響是，製藥產業重新調整研究方向。世上有一百多種癌症，每一種癌症涉及特定的基因與分子基礎結構，有不同的歷程與特性，也因此需要相當不同的療法。癌症和細菌感染不一樣，沒有單一的病因與機制，也因此無法統一解決。基利克上市不久後，「諾華生物醫學研究中心」（Novartis Institute for BioMedical Research, NIBR）成立，目標是以化學生物學與計算法推動藥物發現。諾華最大的瑞士對手羅氏也不落人後，二〇〇九年以四百六十八億美元收購基因泰克，也就是前文提到的全球第一家生物科技超級巨星。[30] 羅氏瞬間成為全球最大的生技公司。[31]

　　如果說，跳躍至新知識領域會深深影響著企業能否長久生存，為什麼很少公司跳？我認為主因是大型機構分配公司資源的過程很複雜。當未來高度不確定，看不出正確策略是什麼時，此時就應該採取應變型的決策過程。這就是為什麼當馬特接下替諾華的癌症研究打基礎的任務，公司必須給他很大的自由，不受官僚體制束縛。馬特全權掌控自己團隊的成員人選與預算，幾乎有如掌管著新創事業，就像是一段臨時期間內的半獨立事業。

　　然而，想成為市場領導者，並不能靠漫無方向、沒有限制地實驗，也不會單靠機密小隊任務（skunkwork），或是直接引進矽谷的企業創投就能成功。目標不夠清晰明確，前景就會黯淡：有規模的組織已經變得過於教條、不願改變，最糟的情況甚至是冥頑不靈，他們創新的唯一方法就是把幾個聰明人放在黑暗的房間裡，提供一點資金，希望能發生好事。[32] 這種放牛吃草的方式適合創投者，因為他們存在就是為了投資，方法可能是透過 IPO 首次公開募股，也可能是把新創公司賣給大企業。然而，具備規模的組織應該投資與創新，才能趕在競爭出現之前，讓自己目前的事業長青。新與舊一定得整合，因此公司的資深高階主管遲早都得出面主持大局，將自行浮現的探索化為有計劃的執行。一旦出現有望成功的策略，公司就必須積極抓住機會。不這麼做的話，可以說是一種失敗的領導。

　　除了諾華的例子，寶僑的近代史也證明高層有能力、也有義務親自介入，帶著組織跳向新的知識領域。要是少了高層的直接投入，基層所做的事不論有多創新，終將失敗。然而，很少有公司成功跳躍的原因，其實很容易理解：高階主管通常會放棄成效難料的長期成功，追求安全的短期利益。

沒有人能確定一個看來大膽的舉動，背後是果敢的決心，或只是魯莽行事。最大的挑戰在於公司需要轉型時，不可能預先將投資決定換算成正面的財測。唯有公司高層有權開口：「錢沒關係，我們就做吧。」

今日如果要當產業的領導者，需要設備精良的實驗室、大型預算、大型研發團隊。諾華光是二〇一三年就砸下令人咋舌的一百億美元研發費。然而，資本資出本身永遠不足以阻止新進者挑戰前輩。別忘了，美國的南方紡織廠追上英國時，幾乎不是靠資本成為紡織出口的新霸主。基本的知識領域未發生變動時，新進者擁有蛙跳的優勢，可以發展出更為先進的製造產能。本書的第一章與第二章所舉的許多例子，都是長江後浪推前浪。所有的產業都一樣，前輩都可能被打敗，就連製造個人電腦、手機、汽車、太陽能板的企業也一樣，當然紡織也是。山葉就是這樣打敗史坦威的鋼琴製造，先是靠低廉工資，再來是靠自動化。以上提到的所有「成熟產業」，基礎的知識領域即便出現漸進式的改善，不曾真正跳進全新的領域。

* * *

儘管基利克具備奇蹟似的效果，依舊有兩至三成的慢性骨髓性白血病患者對該藥物沒有反應[33]，萬惡的腫瘤依舊能抵抗高科技的醫療介入。[34]魏思樂指出：「我們與癌症的戰役仍然持續著……每一次我們想出新的有效藥物，都是在一場沒有盡頭的大型戰役中，獲得一次小小的勝利。」「我們對身體的所知愈多，就愈明白自己的無知。」也難怪頂尖藥廠在基因治療的競賽中，持續搶著收購生技公司，不斷跳至最新的科技前線。獨立生技新創公司的手中，或許擁有幾個值得關注的候選藥，但要是少了專精法規與臨床試驗、經驗豐富的藥廠支持，商業化的過程將充滿過多險阻。在這樣的環境下，中國等地的新進者幾乎不可能突然間超越身經百戰的瑞士拓荒者。

　　整體而言，一九七〇年代尾聲出現的生技革命，帶來了生物資訊學與基因體學的新紀元。今日可以看出，生技革命顯然從根本上改變了科學家對抗疾病的方式，接著又開啟了新的分子層面的化學干預可能性。從癌症標靶藥到 HIV 治療，十年前想像不到的劃時代治療，已經將令人痛恨的疾病帶來的威脅，降至可控的情況。說到這裡，頭腦轉得快的讀者可能已經在問，那寶僑生產的是低科技日用品，在消費者心理學之後，還能跳到哪裡？

　　一九五五年登上財星五百大企業的公司，到了二〇一二年時只剩七十一家還在榜上。[35] 財星五百大企業的壽命大約是三十年，但寶僑在二〇一六年時，依舊是五百大公司中前段班的第三十四名，市值超過兩千億美元。[36] 這間辛辛那堤的百年老店究竟是怎麼辦到的，有什麼獨特之處？

掀起下一波浪潮

　　一九三〇年代，寶僑的製程已經進步到產業巨擘的水準，靠著高速的攪拌與冷卻，幾小時內就能製造出肥皂，不再需要耗費數日。[37] 然而，寶僑依舊是一家傳統肥皂商，使用和十九世紀一樣的原料，依循古法製造：在高溫下混合動植物油脂、水與鹼基。此類「天然」肥皂含長鏈脂肪酸，常見的問題是碰上含有鈣、鎂等大量礦物質的硬水時，清潔力就會減弱，而且肥皂會留下像浮渣或凝乳狀的殘留物，這個問題不只困擾消費者，也讓寶僑的工程師束手無策。

　　一九三一年四月，寶僑的製程工程師羅伯特‧A‧鄧肯（Robert A. Duncan）到歐洲出差，負責「學習任何與製程或產品相關的事。」[38] 鄧肯在德國聽說一種在實驗室製成的合成皂「依捷邦」（Igepon）[39]，據說是「良好的潤濕劑（wetting agent）與不錯的清潔劑，不受硬水影響，還能耐酸」。

　　從化學的角度來看，潤濕劑或表面活性劑是一種有效的清潔劑，但由於不是源自天然油脂，不含會與硬水結合的長鏈脂肪酸。鄧肯在同一趟旅程中，還發現另一家叫德意志氫化廠（Deutsche Hydrierwerk）的公司，這家公司即將推出依捷邦的競爭產品，專攻推銷給紡織廠。鄧肯立刻訂購一百份樣品，用快遞寄回辛辛那堤分析，指出德國人「不曉得把這個東西當成家用清潔劑的價值，他們毫無頭緒。」[40] 寶僑的工程師取得依捷邦的樣本後，發現他們有辦法合成類似的鏈狀分子，一端與油結合，一端與水結合，也因此能夠分解油漬，接著由水帶走。由於沒有脂肪酸鏈，所以不會在硬水中形成水垢。

　　一九三三年時，寶僑推出名為「Dreft」的烷基硫酸鹽合成清潔劑，一年後又推出第一款合成洗髮精「Drene」，但寶僑內部立刻出現擔憂的聲音，主管擔心新產品會搶走重點產品象牙肥皂的銷售。然而，董事長威廉・庫伯・寶特（William Cooper Procter，寶僑最後一任家族管理者）堅定支持開發合成清潔劑，他對員工說過一段令人難忘的話：「這東西〔合成清潔劑〕或許會摧毀我們的肥皂事業，但如果肥皂事業注定被摧毀，最好由寶僑親自動手。」[41] 管理階層加碼投資合成清潔劑，總部象牙谷的技術中心，幾乎就是消費者產品領域的第一間分析實驗室。[42]

　　從外界的眼光來看，在寶僑長遠的公司史上，有一個突出的管理行為：不怕「自我蠶食」（self-cannibalization，譯註：又譯「自我吞噬」，指新產品造成舊產品銷售下降）。「自我蠶食」是一種反直覺的策略，抗拒是很自然的事。主管通常會擔心公司低利潤的新產品與新服務，可能直接影響原有產品的銷售。錢應該投資在顯然最有利可圖的領域，不該降低公司的整體獲利。然而，賈伯斯（Steve Jobs）說過一句被引用千百次的話：「如果你不搶自家市場，自然會有別人來搶。」

　　故事的結局是 Dreft 與 Drene 洗淨效果太弱，並未毀掉任何肥皂市場。寶僑的科學家尚未調製出去汙力夠強的配方。由於化學效果的限制，Dreft 成為只適用於精緻布料與嬰兒服

寶僑的研究人員拜爾利主持汰漬等合成清潔劑的研發。
圖片出處：寶僑

的輕效型產品，在美國中西部至洛磯山脈一帶受到歡迎，也就是硬水問題最嚴重的地區。[43] Dreft 雖然有客層，但還只算是利基產品，還要再過十年才會出現重大突破。

擋不住的浪潮

寶僑總部象牙谷的技術中心繼續嘗試，努力製造「增強劑」（builder）。增強劑是一種化合物，可以讓油脂乳化成液滴狀[44]，和清潔劑混用時，能增強基底清潔劑的效用。做為增強劑的磷酸鈉可以助清潔劑一臂之力，但有個令人頭疼的特質：磷酸鈉會留下頑強粒子，洗完的衣物會像砂紙一樣，變得又硬又粗。

寶僑的研究團隊辛苦熬了十年，超過二十萬小時枯燥無味的實驗，努力尋找正確配方[45]，最後差點無聲無息被解散，關鍵主事人員都被指派到其他任務。主管閉口不談這個失敗的嘗試，但有一個不死心的獨行俠科學家，說什麼都不肯放棄這個人們日後口中的「X計劃」（Project X）。

大衛（迪克）·拜爾利（David "Dick" Byerly）是最終替寶僑劃時代產品「汰漬」（Tide）申請關鍵專利的人員。他在管理階層已經明令終止計劃時，依舊不放棄研究。拜爾利的上司湯瑪斯·哈伯史坦（Thomas Halberstadt）留意到這位年輕人堅持到底的性格，日後回憶道：「我很欣賞迪克，但你得懂他這個人，才有辦法理解他為什麼那樣做事……迪克在某些方面是個頑固的傢伙，性格非常固執。」[46]

拜爾利和哈伯史坦在一九三九年第一次見面時，就像一般人會有的反應，拜爾利一開始對新上司也是充滿懷疑。那天，拜爾利跑到哈伯史坦的辦公室，開門見山問道：「既然你被派來這，我想知道，我可以做我認為該做的工作嗎？」[47]拜爾利帶著一頭霧水的上司到實驗室，接下來花了兩天時間，一一介紹自己過去五年的工作紀錄。哈伯史坦感到印象深刻，跑去請化學部門的副部長赫伯·柯易斯（Herb Coith）放行拜爾利的研究。寶僑以一貫的風格允許拜爾利繼續研究，但警告要對X計劃守口如瓶，「絕不能大肆宣揚」。拜爾利被明令不得要求開發製程，「在實驗工廠製造樣本」[48]，以免引發公司內部不必要的關注。

時值二戰爆發，許多原物料嚴重短缺。一位資深高階主管聽說了 X 計劃的事，氣急敗壞：「你們這些人在做什麼？工廠碰上一堆問題，大家忙得要死，你們居然還有心力弄這個寶僑不打算製造的產品。」戰時的物資是配給的，寶僑被迫調整所有的設備，以配合限縮的新產品配方，工程師與科學家每天都在忙著救火。柯易斯要求哈伯史坦立刻終止 X 計劃，但是當拜爾利陷入憂鬱並威脅要辭職時，哈伯史坦讓步了：「有很多從來沒上報的研究，我們知道〔不能說出去〕。那個計劃就是其中之一。」[49]

他們賭對了。一九四五年，拜爾利終於發現三聚磷酸鈉（sodium tripolyphosphate, STPP）是理想的增強劑。要達到最佳洗淨效果，一般的做法向來是提高清潔劑的占比，只加一定劑量的增強劑。拜爾利推翻正統做法，讓清潔劑（烷基硫酸鹽）與增強劑（三聚磷酸鈉）比例改為一比三，成功得出效果絕佳的配方。[50, 51]

事態發展至此，就連柯易斯也壓不下內部的耳語，不得不向高層報告相關發現。寶僑無意間即將跳向第三個知識領域：從有機械工程助陣的製造領域，跳向運用消費者心理學的廣告領域，再跳向源自有機化學的研發。

寶僑舉辦了一場產品介紹，出席者包括公司總裁理查‧杜普立（Richard Deupree）、廣告部副總裁羅夫‧羅根（Ralph Rogan）、製造技術研究部副總裁 R‧K‧卜洛迪（R. K. Brodie）。[52] 三人對 X 計劃的市場潛力極具信心，唯一的問題是該何時上市。以下的場景雖然是事後的重建，但是引用的話內容一字不差，記錄在來自數份的歷史資料，也因此給了後人罕見的機會，得以像親臨現場一般觀察這場關鍵會議。

廣告部副總裁羅根是行銷專家，他認為典型的產品上市至少得花兩年時間：先花幾個月準備產品樣本，接著挑選數個城市，做六個月的盲測，然後再花一段時間依據新發現調整配方。接下來還得再花時間擬定廣告策略，進行消費者民調，替全國上市做好準備。[53] 總裁杜普立想了想羅根估算的時間，轉頭問製造技術研究部副總裁卜洛迪：「寇克（Kirk），你那邊的時間有辦法配合嗎？」卜洛迪提出反對意見：「我們這邊有辦法配合，但一旦開始盲測，利華（Lever）和高露潔（Colgate）就會拿到我們的產品樣本，然後它們就會開始想辦法做出類似的產品……它們的產品自然不會像我們那麼優秀，但市場將到處都是類似的廣告……我們不會有獨門生意。」卜洛迪認為，如果寶僑跳過通常會進行的盲測，也跳過把產品送至各處的廣告測試，「我們可以搶先利華和高露潔兩年。」

羅根立刻跳出來反對這個點子：「寇克，你知道我們不是那樣做事的！」他提醒同事，如果採取那樣的做法，寶僑將在缺乏保證能成功的證據下，投下一千五百萬至兩千五百萬美元。千萬美元在一九四五年是相當大的數字，當時寶僑的年銷售額還不到五億美元。卜洛迪沒有動搖：「但這個產品有非常多的優點，完全不同於我們曾經推出過的其他產品。的確有風險，但前途不可限量，我認為我們應該冒那個險。」

總裁杜普立看了看卜洛迪，又看了看羅根，接著把頭轉向年輕的廣告經理尼爾・麥艾羅（Neil McElroy，他日後將接下杜普立的總裁位置），問他：「小麥，你覺得呢？」麥艾羅回答：「這真的很難決定，但從我今天看到與聽到的東西來看，我認為這東西是我在寶僑看過最有潛力的產品。如果是我，我願意冒險，跟卜洛迪先生說的一樣，直接出擊。如果這個產品果真一砲而紅，領先其他廠商兩年等於是聚寶盆。」

杜普立點頭，下令：「寇克，調高速度，全速前進。」[54]

一九四六年，第一批汰漬開始公開銷售，那是市場上第一個能深層洗淨衣物的合成清潔劑──可以去除泥巴、草葉、芥末污漬，「又不會讓衣服褪色無光」。[55]汰漬讓「白還能夠更白」的優點十分明顯，打敗市場上所有品牌，成為一九四九年的洗衣粉冠軍。寶僑自己旗下的 Oxydol、Duz、Dreft 等其他清潔產品黯然失色。

汰漬問世後，寶僑其他產品的銷售一落千丈，此時已經接任總裁的麥艾羅面對質疑時，輕描淡寫指出：「如果我們不〔用這種科技〕，別人會拿去用。」[56]行銷團隊的任務是大聲宣傳「現代洗衣日的奇蹟」（Modern Washday Miracle），推銷汰漬可以讓數百萬美國家戶不再為「麻煩的洗衣日心煩」。需求一下子飆升，唯一的問題是寶僑內部的產能跟不上。到了一九五五年，美國一年用掉二十五億磅的合成清潔劑，洗衣產品中十盒有八盒是人工合成產品[57]，能浮在水上的象牙肥皂被歷史的洪流沖走。[58]

寶僑的兩難

　　諾華與寶僑是天底下最不同的兩家公司。諾華為了設計與測試藥物，尋找療法，投資令人咋舌的天文數字，躍過最嚴格的法規門檻。寶僑則製造具備清潔效果的家庭日用品。一個救命，另一協助民眾打理門面。不過，兩家公司都興盛超過一世紀，在各自的產業一而再、再而三重寫規則，自我轉型。最重要的是，兩個例子都顯示迎接新知識後，原先的知識不會因此變得多餘，反而是關鍵的輔助功臣。

　　以諾華為例，外在潮流帶動了科學領域的轉換。而潮流的變化會反映在頂尖大學與科學界的研究重點轉移。相較之下，寶僑得以領先對手，靠的是利用其他領域的新興事物，公司努力吸收新知識。換句話說，轉向主要由內部來決定與帶動。前文提過，公司很少因為是先進者，就獲得保證能成功的重大優勢。寶僑當初要是只依靠單一領域（例如：機械工程），死守著最初的象牙肥皂，頂多能成為一項商品化產品的低成本供應商，拼命靠削價和新進者競爭——不會是今日家喻戶曉的全球領導者。

　　哈伯史坦評估汰漬將帶來的影響，指出寶僑將「再也不是肥皂公司」，轉換成「前景靠技術決定的實業公司」。[59]一九四五年時，寶僑雇用一千五百多名科技院校畢業生，技術

圖 3.2　寶僑的跳躍過程

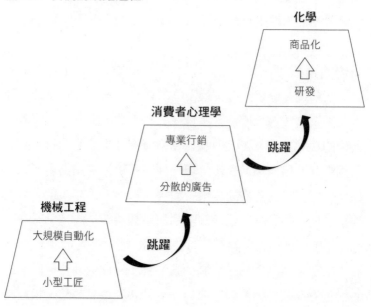

人員的數量是汰漬上市前的三倍[60]，從一家創始人靠雙手攪拌煮皂鍋的家族企業，搖身變成為奠基於三大知識基礎的企業：機械工程、消費者心理學、有機化學。三個知識領域合而為一後，帶來無人能及的汰漬。

　　當然，自汰漬剛推出的早期歲月之後，我們的世界已經又出現天翻地覆的變化。即便是寶僑，如果要再度屹立不搖十年，依舊需要新知識的浪潮助陣。不過，寶僑的公司史和諾華一樣，提醒了我們勇於自我蠶食的重要性。自我蠶食發生在公司選擇搶先以其他可能沒價值的產品或製程，取代原先的產品或製程。這點尤其重要，因為先進者所擁有的任何結構性優勢頂多是一時的，例如製造規模、品牌辨識度、商業機密等等。跳到新知識領域會減少舊知識領域的重要性，而新產品或新服務的上市，也將帶給舊的產品與服務被取代的壓力。那就是為什麼已經有規模的公司很難往前跳。不過，如同威廉‧寶特所言：「這東西〔合成清潔劑〕或許會摧毀我們的肥皂事業，但如果肥皂事業注定被摧毀，最好由寶僑親自動手。」願意在公司現有的事業尚未衰退之前，就先自我蠶食，其實很像賈伯斯時期的蘋果（Apple）。二〇〇五年時，iPod Mini 的需求還很大，但蘋果推出了 iPod Nano，等於是斷了原先產品的營收流。iPod 的銷售依舊長紅時，賈伯斯推出結合 iPod、手機、網路功能於一身的 iPhone。iPhone 上市三年後，蘋果又推出 iPad，即便 iPad 有一天可能威脅到 Mac 的桌機銷售。[61]

我們的目標並不是魯莽行事，但如果執行長唯一扮演的策略制定角色，只有在基層已經完全證明新事業能成功後，才宣布公司的新方向，那麼執行長為公司創造的價值就相當低。有遠見的現任市場領導者必須意識到，公司必須不斷拓展至新的產品類別，也一定得保持紀律，願意把新事業擺在舊事業之前──而不是把機會拱手讓給終將帶來破壞的後進者。

好了，我們已經了解為什麼企業一定得跳躍，也看了最成功的企業是怎麼跳的。接下來的三章將檢視企業未來該往哪個方向跳。未來的企業如果要存活，有哪些關鍵的新興潮流或新知識領域？接下來的新前線在哪裡？在這個高度互連的世界，人才、知識、資本不斷跨越國界，未來出現的速度似乎永遠快過預期。就是因為發展速度看來已經加快，我們需要找出背後帶動潮流的力量。最有效的施力點在哪裡？我們該往哪跳？

第一部 **重點整理**

> 競爭優勢隨時會消失
> 長期競爭優勢是可能的
> 如果「跳躍」如此重要，何時是跳的最佳時機？

進入本書第二部之前,我們先回顧一下前文的重點。

競爭優勢隨時會消失

產業知識成熟後,模仿者就會跟上。由於後進者通常本質上就擁有低成本架構,沒有舊有資產的拖累,有能力帶給產業先進者競爭壓力。史坦威正是因為如此,即便自始自終都製造出全球品質最優秀的鋼琴,依舊敵不過山葉。[62]

長期競爭優勢是可能的

高階主管必須重新評估公司的基礎或核心知識,以及這項知識的成熟度,才能避免被後進者追上。若要克服這種看似不可避免的命運,方法是先找出自己在哪裡。管理者因此必須自問,哪種知識領域對公司最重要。你的事業核心知識是什麼?那個知識有多成熟?普及程度如何?

就連商學院也出現相同的情形,我任教的瑞士洛桑管理學院也一樣。商學院從前靠著富有魅力的課堂體驗,吸引企業送內部的明日之星到學校進修主管訓練課程。課堂上的專業知識傳遞方法,存在教授腦中,然而這種明星學院所擁有的工藝技術,很快就被線上學習取代。線上學習將課程體驗自動化,以幾乎零成本的方式在網路上傳遞內容,大學因此感到強烈不安:線上學習讓教授的能力貶值。各位的事業核心知識貶值的可能性有多大?速度有多快?

如果「跳躍」如此重要，何時是跳的最佳時機？

出現績效危機時，不論是感覺上有問題，也或者是真的出問題，高層就有正當理由要快速轉向。高層擺脫現有組織的束縛，宣布新策略，統一分配資源，大力投資新領域，砍掉展望不佳的計劃。然而，牽一髮而動全身的大轉向，伴隨著巨大風險，沒有任何犯錯空間，也因此最好趁著尚未被迫轉型，先實驗一下、小試身手。事實上，我們不需要是先知，才知道該往哪跳。勢不可擋的潮流通常相當明顯。公司只需要趁手上還有時間快點跳就行了。[63]

賈伯斯相當明白這個道理，他曾說：「你知道的，事情其實發生的相當慢，是真的。科技的浪潮捲走你之前，你其實就看得到。你唯一需要做的事，就是聰明選擇你要跳上哪股潮流，乘風破浪。要是做出不明智的選擇，你將浪費大量精力，但要是聰明，**事情其實發生得相當慢**，要好幾年時間才會出現。」[64]賈伯斯的這段話是在講當初他花了兩年等寬頻出現。寬頻終於成真後，他立刻用 iPod 抓住短暫的時機。在蘋果之前，有無數的 MP3 廠商搶先行動，但一敗塗地。在二○○○年代之前，音樂共享大多是靠 Napster 違法偷抓，而且下載一張唱片需要數小時。在連線品質差的年代，即便是設計最精良的硬體，下載音樂也令人抓狂。賈伯斯靜候大勢所趨的寬頻出現。

這是很重要的一課。成功的高階主管通常衝勁十足，但比採取行動更重要的是分辨訊號與雜音，找出自己四周的冰河運動。仔細聆聽正確訊號需要耐性與紀律。抓住時機的意思，不一定是要第一個行動，而是當第一個做對的人。這點要有勇氣與決心才做得到。成功跳躍的方法，就是同時掌握兩種看似相反的能力：要有懂得等待的紀律，也要有敢衝的決心。兩者要是能平衡，通常會有好結果。在個人與組織的層面培養這種看似矛盾的能力，將是本書接下來要討論的主題。現在請翻到下一章，一起找出一定會來臨的未來。

第二部

三大槓桿點重寫競爭

04

力用連結力與群眾智慧

微信外包做出殺手應用，五角大廈開放全民破解技術難題

> 自蒸汽機發明後，西方文明前進的假設是社會必須適應
> 新科技。我們在談產業革命時，其實是在談這個核心概
> 念；我們思考的不只是一種新科技問世而已，而是一個
> 轉型的社會。
>
> ——艾米特依·埃澤奧尼（Amitai Etzioni）與
> 理查·蘭普（Richard Remp），《改變社會的科技捷徑》
> （*Technological Shortcuts to Social Change*）

從伽利略到愛因斯坦，從牛頓到霍金（Stephen Hawking），從諾華的馬特到寶僑的拜爾利，我們通常認為天才只有少數幾個人。他們是型塑事物的原動力，帶來我們所知的世界。哲學家尼采說：「在時間的荒漠中，一個偉人呼喚另一個偉人，不去理會腳邊鑽來鑽去、喋喋不休的矮人。」然而，隨著我們的世界日益連結，情況可能再也不是那樣。矮人之間的集思廣益，可能勝過聰明的巨人。

亞歷山大·奧斯瓦爾德（Alexander Osterwalder）對一件事感到著迷。他是新創公司創始人，也在非營利組織工作

過，他很想解決一個簡單的問題：創業家如何改變服務與產品的提供方式？奧斯瓦爾德隨時想著這個問題，甚至為了得到答案，跑去瑞士洛桑高等商學院（Faculty of Business and Economics, HEC）念博士，最終寫出題目聽來相當高深的博士論文〈商業模式本體論：設計科學方法的提議〉[1]。接下來幾年，奧斯瓦爾德一直有寫個人部落格的習慣，與一小群企業經理人互動，也和學者與學術圈交流興趣。他把自己的原始論文放上網，讓志同道合的人可以自行下載，也把自己的演講影片放上 YouTube。任何願意聽他講話的公司，他都免費去演講。追蹤他的人數持續成長。

幾年後，奧斯瓦爾德去見他的論文指導教授伊夫·比紐赫（Yves Pigneur），討論出版論文的事，更新案例，再擴寫一下。奧斯瓦爾德非常想出書，太想太想，忘了躋身成功作家的機率有多低。他回憶：「英語世界每年出版一百萬本書，其中商業新書占了一萬一千本。此外，書市上還有二十五萬本過去這些年出版的商業書，你很難闖出一片藍海⋯⋯沒人在等另一本書，沒人在等我們的書，然而當時我矇著眼只想往前衝。」[2]奧斯瓦爾德只知道，他需要以圖像化的方式行銷自己的書，要有活潑的視覺呈現，輔以線上內容，以打破傳統的方式包裝，才有辦法殺出重圍。問題在於他缺乏資金，也沒有大型出版社願意賭在他這個第一次出書的人身上。奧斯瓦爾德於是跑來我任教的瑞士洛桑管理學院，和我的同事聊了聊。我同事脫口而出：「不要浪費時間做這件事。」

幸好，奧斯瓦爾德沒聽從那個明智的建議，他請自己的線上社群捐款。說的更明確一點，奧斯瓦爾德邀請大家出錢，一起成為「一本『尚未寫出來的』國際暢銷書」的共同作者。追蹤者付二十五美元訂閱費，就可以拿到草稿與提供建議。

消息一出，許多人很樂意付錢，而且願意付遠超過二十五美元的金額。每隔兩週，奧斯瓦爾德就把價格再提高50％，等書寫完時，一共召集到四十五國的四百七十位共同作者，募得二十五萬美元（包含預售在內）。奧斯瓦爾德利用那筆錢，請了平面設計師與編輯，添購一台印表機。令人訝異的是，這一切發生在二〇〇八年。奧斯瓦爾德表示：「這是群眾募資平台 Kickstarter 問世前，就有的 Kickstarter 型計劃。」

每多一位共同作者仔細看過書，評論過內容，奧斯瓦爾德的作品熱度就更旺一些。[3] 等到《獲利世代》（*Business Model Generation*） 終於自費出版時，《快公司》（*Fast Company*）雜誌譽為「二〇一〇年事業主最佳書籍」，「如何成立事業這個主題，目前為止最創新的一本書。」成功會帶來成功，不久後，專門出版學術作品的中型出版社 Wiley 取得全球經銷權，透過巴諾書店（Barnes & Noble）與亞馬遜等大型書籍零售商行銷這本書。四百七十位共同作者接著又齊心協力，帶來出版業前所未見的新書宣傳期，不斷透過自己的 Facebook、LinkedIn、Twitter 等個人網絡，幫忙行銷最終的產品。

　　奧斯瓦爾德的書最後翻譯成四十多國語言，狂銷一百多萬冊[4]，遠遠超過大型出版社商業書的平均兩萬本銷量。依據獨立出版商協會（Independent Book Publishers Association）的資料，所有類型的書籍中，92％銷量不超過七十本。二〇一五年時，《金融時報》（*The Financial Times*）被譽為「管理思維的奧斯卡獎」的 Thinkers 50 年度排行榜中，奧斯瓦爾德與老師比紐赫名列第十五名。[5]

　　奧斯瓦爾德今日定期在史丹佛與加州大學柏克萊分校（University of California, Berkeley）授課，也在全球各大公司發表專題演說。群眾的智慧讓第一次執筆的無名作家一炮而紅，一下子成為國際大師。如同 IDEO 設計公司的合夥人、史丹佛教授湯姆・凱利（Tom Kelley）所言：「從試誤中學習，將打敗孤獨天才的計劃。」諷刺的是，奧斯瓦爾德曾問過 Wiley 出版社是否可能允許他做自己從第一天就在做的事。如今已躋身知名作家的奧斯瓦爾德回憶，出版社斬釘截鐵回答：「『不可能：你幾乎打破了書籍出版的每一條原則。』然而，雖然我們當時還不曉得，但如果要做出我們想做的書，那其實是唯一的辦法。」[6]

真正重要的規則

　　雖然群眾外包（crowdsourcing）從早期的維基百科就已經被證實可行，十年前還是很難想像今日的連結力變得多強大。人們的連結方式加速改善後，深深影響著聰明的創意人士如何一起合作愈趨複雜的專案，進而影響幾乎是每一個商業前景。從前的單打獨鬥，轉變成集思廣益，整個社群都能參與。這種無法阻擋的進程，靠的是一種「融合」（convergence），起初只有一家公司有觀察到這個現象。

一九六五年時，英特爾共同創始人高登‧摩爾（Gordon Moore）大膽預測，運算能力將呈指數成長。[7] 從真空管到離散電晶體，再到積體電路，電腦硬體快速成熟。摩爾推測潮流，蝕刻在相同大小的電腦微處理器上的微晶片電晶體數量，將每兩年增加一倍。由於電晶體密度與運算能力有關，運算能力也會每兩年增加一倍。英特爾後來的確做到這件事，也就是著名的「摩爾定律」（Moore's law）。

依此類比，全球第一部量產電腦 IBM 650 可以處理的資訊，少於單一細菌的能力，最新的英特爾 Core i7 則接近實驗室老鼠的能力。[8] 指數成長也解釋了今日一支 iPhone 的運算能力，如何超過一九六九年登月任務中的阿波羅號。[9] 摩爾定律如果能應用在汽車產業，汽車現在每加侖能跑五十萬英里，時速三十萬英里，車價也會便宜到駕駛會直接把勞斯萊斯停在路旁，不會駛進停車場。[10]

儘管如此，如果僅是運算能力指數上升，我們不會擁有今日的連結力。網路速度也是關鍵。鋪設光纖與架設無線電塔很容易，困難之處是在公有與私人土地之上或之下架設寬頻基礎設施前，要先和地方政府協商誰擁有「路權」。[11] 換句話說，手機通訊、Wi-Fi、乙太網路等通訊網路的速度，除了要看技術，政府法規也會造成影響。

奇妙的是，儘管市場充滿科技人士無法掌控的不確定性，網速的成長速度和運算能力一樣快。[12] 十五年前，無線網路的速度是每秒 5 至 10 KB，二〇〇五年左右時，蜂巢式網路的無線技術一般可達每秒 100 KB，今日的無線速度則每秒達 5 至 10 MB。

產業專家稱這種連結力的指數成長為「艾德宏的頻寬定律」（Edholm's law of bandwidth）。此一成長改變了我們消費內容的方式，也改變了資訊的傳遞方式。以即時電影串流為例，在二〇〇〇年代初，很難靠串流方式，以家用桌上型電腦看電影。多數人會先花一整夜的時間，下載好完整的電影檔案，因為當時的網路頻寬尚未達到能即時觀看電影的程度。到了二〇〇〇年代末期，許多人能在咖啡廳用筆電串流標準解析度的電影。今日的我們則能在耗時一小時的通勤路上，靠 4G 用智慧型手機觀看高解析度影片。

與網路使用有關的新行為，也因此受無所不在、威力龐大、聰明的連結力影響，相關行為接著又進一步促成其他元件技術，包括穿戴式裝置，以及我們手中智慧型手機內的 GPS、陀螺儀、加速規等等。一九九〇年代時，計算角速度的陀螺儀感測器是一個金屬圓筒，直徑約為一英寸（二・五四公分）、長三英寸（七・六二公分），價格約為一萬美元，而且只能監測一個軸的運動。今日的陀螺儀感測器則只有迷你晶片大小，一個成本大約三美元，一台自動無人機一般配備二十四個感應器。[13] 這樣的技術融合讓自駕車與協作式機器人（collaborative robot）得以成真。

從人類角度來看，技術融合改變了我們工作的方式。個人與組織能夠以相當不一樣的方式創新。如同奧斯瓦爾德的例子，企業再也不必事事都靠自己發明。只要有了適當連結，外界新手的表現，也能和內部專家一樣出色，甚至更勝一籌。企業因此可以運用先前散布在外界各處的外部知識，協助自己行銷甚至是設計產品。有一家網路公司即是這樣不斷利用這樣的槓桿點。那家公司不是來自矽谷，而是來自太平洋的另一頭。

我們 Twitter，我們 Google，我們微信

在中國南方廣州的商業鬧區，高聳的廣州塔立於珠江旁。這棟摩天大樓建於二〇〇五年，造型是兩個橢圓以四十五度角相互纏繞，有如 DNA 的雙股螺旋。這棟突出廣州天際線的地標，曾短暫榮登全中國最高建築物，直到上海二〇一三年的新大樓後來居上。

廣州塔不遠處是 TIT 創意園，散落著數十棟經過改造的工業建築物。八十四號建築物外的紅磚牆上有一塊招牌，介紹該地在一九五〇年代原是紡織機械廠，一九六〇年代與一九七〇年代變成軍方用地，後來在一九七〇年代中期改為民用地，倒數第二個承租人是一間供應地方汽車產業的金屬加

工廠。

　　走進裡頭一看，看不出這裡曾是光線昏暗、燈泡外露、噪音震耳欲聾的廠房，再也沒有生產出金屬零件的機器。最初的多層建築被扒光，如今是現代化的辦公室，開放式空間裡擺著白色家具，中庭讓室內灑滿自然日光，休息區處處是盆栽植物、玩具、動物玩偶、沙包，年輕的男男女女穿著帽 T、潮牌運動鞋，戴著有型眼鏡，坐在符合人體工學的辦公椅上，滑過辦公室。椅子的造型有如著名的賀曼米勒椅（Herman Mill），只不過眼前這些椅子自然是中國製。在公司咖啡館與餐廳裡，人們靠感應自己的手機付帳，信用卡與現金屬於早已逝去的年代。無現金、無卡片的交易，都源自於微信（WeChat）投入電子商務領域。全中國最大的通訊app 微信總部，就位於 TIT 創意園這棟八十四號建築物，以及三棟相鄰的建物。

　　二○一四年時，Facebook 以一百九十億美元收購WhatsApp。當時里昂證券（Credit Lyonnais Securities Asia, CLSA）寫道：「如果 WhatsApp 值一百九十億，那微信至少值六百億。」[14] 微信是私人公司，估值當然也只是估值，但母公司騰訊在二○一七年超越阿里巴巴，成為全中國市值最高的公司，也是全亞洲最高，超過三千億[15]，與美國各大龍頭企業並駕齊驅，包括奇異（二千六百億）、IBM（一千六百五十億）、英特爾（一千七百億）。騰訊除了是 Snapchat 的早期投資人，還在二○一七年四月買下矽谷電動車廠商特斯拉（Tesla）5%的股權。[16]

正如中國的一切，微信最令人詫異的一點在於它的快速崛起。不看好的人認為，微信只不過是又一個中國的WhatsApp 或 iMessage。出了中國，根本很多人聽都沒聽過。然而，微信每個月有九・三八億活躍用戶，超過歐洲總人口，遠甩美國人口[17]，也因此當微信的營銷總監茱麗葉・朱（Juliet Zhu）提醒我，用戶數目「並未說出事情的全貌，你還得考量參與度」，我再次咋舌。舉例來說，WhatsApp 的全球用戶超過十二億[18]，Facebook（二〇一四年起成為WhatsApp 母公司）擁有二十多億使用者[19]，但茱麗葉認為，微信已經證明自己更誘人，理由是超過三分之一以上的用戶，每天在微信待四小時以上。[20] 相較之下，使用者平均上Facebook 三十五分鐘，上 Snapchat 二十五分鐘，上 Instagram 十五分鐘，上 Twitter 一分鐘。[21]

微信究竟是如何做到如此「吸眼球」，大家欲罷不能？微信和奧斯瓦爾德一樣，靠的是允許終端使用者發揮創意，不一樣的地方則在於微信有自己中國的一套，工程師除了重視用戶體驗，還替第三方開發新工具，第三方可以自行發明新功能。

如果達爾文研究網路

二〇〇七年出版的《世界是平的》（*The World Is Flat*）一書中，作者湯馬斯・佛里曼（Thomas Friedman）指出網路是如何超越國界，減少意識形態，在線上串起數十億人。事實上，網路絕對沒讓世界變成平的，線上世界依舊崎嶇不平，充滿封閉社群與同溫層，例如北京政府向來阻擋可疑的外國網站，處處有統稱「防火牆」的網路管制，以及神秘的審查制度，也因此「中原」見不到 Google、Twitter、YouTube、Facebook。[22]

中國把西方拒於門外，但有大量的本土 app。那些 app 起初和西方版本有幾分神似，但之後就演化成完全不同的物種。行動廣告對西方企業來說是習以為常的事，Facebook、Google、Twitter、Snapchat 蒐集大量用戶資料，微調威力愈來愈強大的演算法，協助廣告主精確瞄準終端消費者。然而在中國，儲存用戶資料的政治風險極高，地方公司選擇另闢蹊徑，換個方式讓消費者掏錢，例如收取交易手續費，或是 app 內購買（in-app purchase）──如果消費者願意直接替服務付錢，為什麼要探勘資料？由於全球消費者即便使用類似的科技，各地的習慣十分不同，科技巨擘也形形色色，各自依據當地的環境演化出不同功能。企業在搶占與保護市占率時必須各顯神通。

以行動支付為例，微信在二○一三年推出自家第一個支付系統「微信支付」，其中「紅包」功能大受歡迎。過農曆年時，消費者可以用手機發送裝有數位現金的虛擬紅包給親友。除了發紅包這個傳統的節慶習俗，任何人都能預先設定一筆固定金額，隨機發送給選定的一群人，例如你可以送三千元給三十位朋友，有的人拿到得多，有的人拿到得少，也因此有的人會開心微笑，也有人會哀嚎。這個功能既是社群網絡，也是遊戲，也是小賭怡情。二〇一六年二月七日至十二日之間，大約有三百二十億個紅包轉手，前一年同期則為三十二億個。[23]

微信用戶除了發錢給彼此，還能用微信繳水電費，投資財富基金。微信的母公司騰訊砸下數十億，投資滴滴出行（中國的 Uber）與美團網（中國的 Groupon），用戶不必跳出 app 就能叫車或享受團購優惠。[24] 近幾年，微信進一步拓展服務，與眾多傳統零售商合作，包括麥當勞、肯德基、7-11、星巴克、Uniqlo 等叫得出名號的大企業，其他還有無數早已採用微信支付的路邊小店。《紐約時報》談論這股社會經濟現象時指出：「現金一下子就過時」。[25]

今日打開微信，搖一搖手機尋找其他用戶，是一種很受歡迎的交友方式。在電視機前搖一搖，就能知道目前是哪一台，與其他觀眾互動。微信等於是集 Facebook、Instagram、Twitter、WhatsApp、Zynga 於一身，不是單一的通訊 app，而是不可或缺的行動工具，可以預約看診、繳納醫院帳單、報案、餐廳訂位、使用銀行服務、開視訊會議、玩遊戲，功能五花八門。若要促成這個巨大 app 的成長，光靠公司內部的研發絕對不夠，必須以遠比 Google 與 Facebook 積極的方式，允許用戶發揮創意，在社群媒體平台上研發新服務。

大家一起做決定

二〇一二年的年底，微信內部十七人測試「公眾號」這個瞄準企業的新點子。當時微信已有穩定成長的終端消費者，但微信團隊希望藉由開放應用程式介面（API），讓微信變成第三方產品與服務的通訊管道。

簡單來講，API 是一套官方規定與準則，用以促進兩個軟體間的資訊交換。軟體例程、通訊協定、工具使第三方得以利用微信的龐大用戶庫。微信開放平台部門的助理總經理曾鳴（Lake Zeng）向我解釋：「微信過去成功連結大眾，但我們不清楚企業能如何利用微信與自家顧客連結與溝通。我們需要一個媒介才能達成這個目標，我們認為『公眾號』有可能就是我們需要的方法。」

很自然的是，一開始沒有任何團隊成員確定應該納進哪些服務。工程師四處找答案時，招商銀行（CMB）來敲門。對曾鳴而言，與招商銀行合作的專案目標很簡單——客戶要什麼，就給什麼：

> 當時我們的公眾號點子相當初步，只有幾個範本。我們想到傳統企業可能發送訊息或折價券給顧客促銷，最初的點子全都與「廣播」功能有關，但和招商銀行討論之後，我們改變想法。
>
> 銀行要極高的資安標準，而且需要將資料儲存在自己的伺服器上。如果要成功的話，我們得提供

開放式連結。從那時起，微信轉向，改成扮演「連結者」或「管道」的角色。

開放性後來成為吸引其他採用者的關鍵。不久後，中國最大的航空公司（以機隊規模計）「中國南方航空」（南航）推出微信公眾號。使用者只要說：「北京到上海，明天」，微信就會列出所有符合相關條件的航班資訊。點擊一個航班後，用戶會連至南航的伺服器，可以訂機票與付款。雖然所有的資訊交易發生在航空公司的伺服器上，用戶感覺自己完全是透過微信操作，大幅簡化手機用戶的體驗。使用者再也不必下載新的 app，也不必在小小的螢幕上切換數個視窗。新主張因而出現：企業可以隨心所欲利用中國數億人已經熟悉的使用者介面，自行打造無限量的新功能，也能留住所有的數據。

我第一次聽說微信人員表示，微信平均只儲存五天的用戶數據時，我不相信真的會有公司選擇刪除顧客數據。我的研究合作者也不相信，因此詢問微信的電腦伺服器室有多大。有限的實體空間數據，符合那位員工剛才所說的話，由於容量很小，除了即時監測與功能使用分析，不可能進行傳統的資料探勘。不過，微信無法儲存客戶數據這一點，正是西方品牌受到吸引的原因。西方品牌不喜歡與科技巨人緊密整合在一起，拱手讓出數據控制權。

微信的重大突破，是明白產品的最佳功能永遠不會來自

圖 4.1　無形事物的知識漏斗

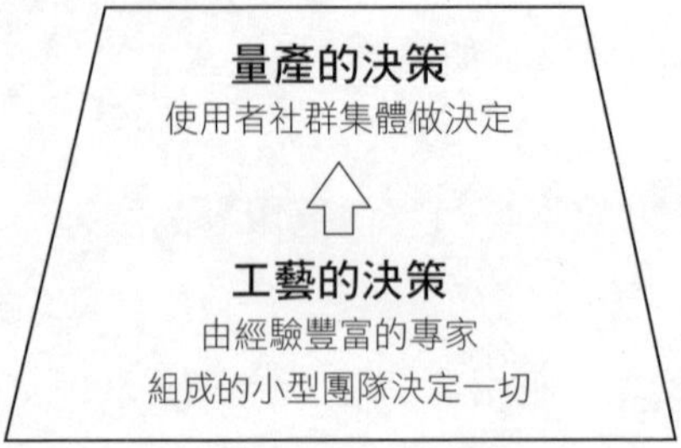

量產的決策
使用者社群集體做決定

工藝的決策
由經驗豐富的專家
組成的小型團隊決定一切

閉門造車，殺手級應用必須交給用戶自行發明。不過，這並不是出乎意料的結論。就連最有遠見的賈伯斯都未能預測，iPhone 最重要的部分功能將是叫車（Uber）與自動銷毀照片（Snapchat）。沒有任何一家公司能同時想出這兩種殺手級 app。在多數的情況下，多元、獨立的意見，將可提升決策品質。[26] 由本書第一部分提到的知識漏斗概念來看，奧斯瓦爾德與微信都將決策權分出去，由群眾「量產」決策（mass-produced），決策是他們的產品，就跟山葉在製造的世界與史坦威競爭時量產鋼琴一樣。

不過，有一個問題：寫書與研發行動 app 所需的技術複雜度，似乎不如組裝火箭或噴射引擎的工程任務。當目標是發展出技術複雜、適合特定組織的東西，關鍵決策真的能量產嗎？

美國國防高等研究計劃署（Defense Advanced Research Projects Agency, 簡稱 DARPA）面臨的正是這樣的挑戰。

需要極度複雜的工程技術時

國防高等研究計劃署（DARPA）是美國國防部的研究部門，有人視為五角大廈的大腦，一九五八年由艾森豪總統成立，負責高風險研究，替真正的問題找到解決方案。DARPA 在大約四十年前，發明了「高等研究計劃署網路」（Arpanet），也就是今日網際網路（Internet）的鼻祖。二〇一二年，DARPA 決定群眾外包下一代的戰鬥車：可以從海上載著海軍登陸、並直接在陸上行駛的坦克。

「水陸兩棲步兵戰鬥戰車」（amphibious infantry fighting vehicle，其實就是用比較炫的方法稱呼「會游泳的坦克車」）不是新東西。在需要海灘登陸的軍事戰爭，歷史上的作戰行動是利用救生艇將軍隊載上岸。為了士兵的安全，軍艦會瞄準敵方，同時保護海空，但暴露人員的搶灘行動風險依舊很高，海軍自從韓戰後便不曾闖進敵方的海灘。[27]

水陸兩用戰車是一種同時能在水面和陸地上移動的坦克，不需要卸載與登陸準備，就能把步兵送上岸。兩棲戰車的研發自一九八〇年代開始醞釀後，向來是軍事專家的夢想。[28] 如同汽車產業的例子，軍事車輛是元件團隊與子系統團隊共同研發的產物。由於現代車輛錯綜複雜，這種分工方式被視為理所當然，甚至有好處，例如豐田汽車的零件通常設計成稱為「黑箱」（black box）的模組元件，接著模組元件會組裝成最終產品。模組化原則讓故障修理變得更快、更精確。有一張二戰的著名照片，是美國士兵在遙遠的叢林裡，試圖修理一輛吉普車，拆卸每一樣零件，這就是非模組設計的問題。戰場上時間有限，沒有容錯空間，更有效的設計讓使用者能直接整個拋棄故障的零件，用黑箱模組取代。[29]

以現代製造來講，個人電腦大概是最採行模組系統的設計。經由硬碟傳至微處理器（CPU）的數據全部符合整個產業一致的協定。統一的設計原則應用在 LCD 螢幕、記憶儲存，以及鍵盤、滑鼠、藍牙喇叭等其他週邊設備。由於模組化的緣故，硬碟是由希捷科技（Seagate）或東芝製造沒有差別，一樣都能搭配英特爾的 CPU。

元件的介面標準化後，元件可以互換。只要介面沒變，元件設計師就能在自己的黑箱內發揮創意。當創新同時發生在所有元件，整體效能就會大幅增加。

然而，模組化有其侷限。由於必須符合標準化介面，出現高度創新的需求時，就會碰上重大問題，例如 DARPA 試圖讓陸上坦克能游泳，就需要加上新元件，改寫現存介面，重新定義系統架構，才會出現新的性能結果，但由於每一樣東西彼此互動，小問題一下子就變大問題，萬分棘手。

DARPA 面對的主要挑戰，即是這樣的牽一髮而動全身。雖然模組化促成了某幾個特定領域的深入理解，元件與子系統一旦超出既有的典範（paradigm）便無法互動。更致命的是，專家長久以來都分開作業，各自精確鏡射系統的特殊模組。[30] 各元件的效能持續上升時，相關的不確定也隨之增加，就連最優秀的工程師都應付不了整體的複雜性。陸軍中校奈森・魏德曼（Nathan Wiedenman）是 DARPA 的計劃負責人與裝甲官，他向《連線》（*Wired*）雜誌指出：「動力人員負責動力系統，資料管理人員負責管理資料，各司其職[31]，但沒有任何元件是純資料管理系統、純動力系統或純熱系統。所有像這樣的元件都是複雜系統，有著影響周圍其他子元件的機械、動力、數據、熱與電磁行為。每當需要一遍又一遍設計、建構、測試、重新設計、重新建構、重新測試新系統，研發表愈來愈長，成本愈來愈高。」[32]

美國政府二〇一一年發生債務上限危機時，前國防部部長勞勃・蓋茲（Robert Gates）迫於國會壓力，承諾縮減預算，接下來五年節省一千億美元，不得不終止兩棲戰車計劃。當時計劃已經執行超過二十年，耗資一百三十億美元左右。[33]魏德曼表示：「唯一能援助相關重要系統設計的組織，是〔有資源〕打造價值數百萬美元原型的企業，也因此我們能求助的對象只有屈指可數的幾家公司，以及幾百顆聰明頭腦。」事實上，自從 DARPA 成立以來，創新完全集中在幾間國防承包商，例如洛克希德・馬丁（Lockheed Martin）與波音（Boeing）。「美國有三億人口，我們可以做得更好。」[34]

群眾外包登場

二〇一二年十月，DARPA 對各界的創新者打開大門，邀請他們設計新型的水陸兩棲步兵戰鬥戰車——名稱是「迅速、適應力強、新一代的陸上車」（Fast, Adaptable, Next-

Generation Ground Vehicle, FANG）。DARPA 舉辦三場競賽：第一場設計傳動系統，第二場設計外殼，第三場設計全方位運輸系統。第一階段與第二階段提供一百萬美元獎金，最後一輪為雙倍獎金。[35]

DARPA 在范德比大學（Vanderbilt University）的協助下，架設擔任協作系統的入口網站——一個所有科技迷都能進去的糖果店，提供各種想得到的工程工具，例如定性推理、靜態約束分析、計算流體力學、易製性分析等五花八門的工具[36]，就連洛克希德・馬丁都感到印象深刻。加州帕羅奧圖（Palo Alto）「洛克希德馬丁先進技術中心」（Lockheed Martin Advanced Technology Center）的計劃負責人馬克・葛西（Mark Gersh）表示：「這不只是在連結人與人，也是在利用統整專案團隊所使用的工具、模型、模擬，進而整合分析能力。」[37] 使用者下載工具，探索元件模型庫，開始拼湊自己的設計，模擬數千種可能的機動與傳動子系統的整體表現[38]，目標是設計出能夠自母艦自我部署的車輛，自離岸至少十二英里（一九・三一一公里）處，傳送十七名海軍陸戰隊士兵。[39] DARPA 自從四十年前發明網路後，終於找到利用自身發明的新方法。

最終在二〇一三年四月獲獎的三人團隊「地面系統隊」（Team Ground Systems），三位成員分別位於俄亥俄州、德州與加州[40]，包括艾瑞克・倪斯（Eric Nees）、艾瑞克的父親詹姆士・倪斯（James Nees），父子倆的老友布萊恩・艾克理

（Brian Eckerly）。三個人都具備工程背景：兒子艾瑞克替加州的軍事承包商工作，完成過傳統的地面車輛專案。父親詹姆士擔任過二十多年的空軍研究工程師，後來成為俄亥俄州空軍研究實驗室（Air Force Research Laboratory）的專案負責人。住在德州的艾克理是艾瑞克的高中同學，畢業於俄亥俄州立大學（Ohio State University），擁有電機與電腦工程大學學位。

艾瑞克・倪斯回憶：「我們的確從工具庫選了大量元件，但有很多次都被迫要仔細研究 DARPA 的個別元件，確保至少有可能相容。」地面系統隊的設計幾乎完全依賴工具庫中原有的元件，但依舊費了很大的工夫，才找到合適的元件。「聽起來太棒了，你可以利用所有的樂高積木，拼在一起就好了，但有的元件雖然看起來很像，實際上是不同的東西，就是無法與系統的其他部分組在一起。」[41] 隊長艾瑞克強調自己的車輛系統背景很重要。「對於不熟悉這個專案中的車輛系統的人來講，有的術語不好懂。」[42] 布萊恩・艾克理曾在兩家大銀行工作，他的貢獻就是計算數字，他形容銀行業的主要工作就是「數據分析」，他說：「我擅長嘗試大量不同組合、蒐集數據，再把結果回報給隊友，讓他們知道哪些部分可行，哪些不可行。」[43]

地面系統隊的跨領域技能組合，正是 DARPA 需要的東西。洛克希德・馬丁或許擁有最優秀的工程師，但他們能提供建議與既有流程的專家，主要侷限於這個領域內部的幾位熟面孔。這個案例反映出單一機構根據有限見解與技能所做出的個人判斷，永遠不如來自多方的集體智慧。這是為什麼美國國家航空暨太空總署（NASA）二〇〇九年研發太陽閃焰的新型預測演算法時，也採取群眾外包。NASA 先前的模型準確率不到 55％，NASA 需要改善預測能力，才能保護漂浮在外太空的太空人與設備。NASA 公布挑戰後，收到數百則提案，三個月內就得到答案。提供答案的人是住在新罕布夏州的退休無線通訊工程師，他的演算法準確率可達 85％，而且只利用地面設備，不需要 NASA 傳統上使用的繞行軌道的太空船。[44] 這位工程師跳脫傳統的思考與新觀點，勝過NASA 旗下世界級天文物理學家所有的經驗。

DARPA 的兩棲戰車挑戰賽和 NASA 差不多，也吸引了兩百個團隊共一千多名參賽者。十五個進入決選的團隊平均花一千兩百個小時在這個計劃上。假設時薪為兩百美元（包含行政經常費用），全部的設計費加起來約為三百六十萬美元，一百萬的稅前獎金是撿了大便宜。[45] 魏德曼表示：「我們真的希望開放非傳統設計人適用的管道；他們有技術，但沒有傳統途徑能參與軍事車輛的研發。我可能是民間公司的變速工程師，對於變速器十分在行，現在我可以註冊登入，以有意義的方式參與。」[46]

地面系統隊最後選定的設計是犧牲車輛性能，換取較短的製造前置時間，因為整體目標是大幅加快設計與製造時間。地面系統隊的獲獎原因是能夠加快製造，比第二名快了一倍,方法是包括主引擎在內,選擇能快速自供應鏈取得的零件。[47] 艾瑞克被問到獎金將如何分配時,大笑表示只有一種方法才公平:最簡單的三分法。

解決正確問題

光是描述技術上的問題,接著廣發英雄帖招集人才,通常還不足以有效運用群眾智慧。舉例來說,著名的蓋茲基金會(Gates Foundation)藉由用意良善的「大挑戰」(Grand Challenges),致力推動健康科學的進展,例如在鄉村防治瘧疾等等以前令人束手無策的難題。基金會更公開目前尚未成熟的解決方案與部分進展,鼓勵科學家就同一個主題齊心合作。[48]

然而,十年過去後,效果不彰。《西雅圖時報》(Seattle Times)指出,獲得贊助的計劃沒有出現太多進展。比爾・蓋茲本人(Bill Gates)坦承低估了推廣新科技的難度。在有的國家,成千上萬的人民連基本需求都無法滿足,例如乾淨的飲水與醫療照護。換句話說,問題不在於解決方案本身不夠聰明,而是問題存在的環境使解決方案無法施展。蓋茲表示:「我對於整個過程需要花多少時間相當天真。」[49] 畢竟,外部人士缺乏內部觀點。

同樣的道理,公司如果沒先設計出一套合作機制,或是沒先定義問題,光是請員工或顧客提出點子,是無法得到理想結果的。想得到具有破壞性創新的點子,就必須先挪出特定資源。DARPA 的例子說明，除了提出挑戰，背後還要有各種配套措施。

DARPA 的群眾外包關鍵，其實是範圍包含整個設計流程的線上平台。參賽者能靠完整的元件庫與線上工具，虛擬驗證自己獨特的設計。[50] 參賽隊伍透過系統即時得到回饋，重新提交設計前還能加以修改。[51] DARPA 的線上平台在概念上去脈絡化（decontextualize），將軍事問題化為一般的工程問題 [52]，不需要鉅細靡遺地了解軍方如何部署，也能著手進行設計，例如坦克究竟是用於偵查、面對步兵與輕裝甲車，也或者用於攻擊地堡與碉堡。相關軍事行動的需求已經內建於線上模擬，定為系統的客觀標準，包括應力、應變、溫度、加速、制動等等。參賽者只需要專心取捨元件，提出以前沒被想過的方法，努力讓組合最佳化。冠軍的挑選標準是看最終的系統性能與易製性分數。

＊　＊　＊

各位可以想像如同圖 4.2 的二乘二矩陣，X 軸是「問題的拆解程度」，Y 軸是「是否去脈絡化」。假設這個矩陣代表著世界上所有可解的問題，左下角是單純的問題，解答不需要分拆成更小的問題，也不需要新觀點，例如單純的計算題。單純的問題不一定就好答，有可能很困難，但不需要跨領域的視野。

圖 4.2　各類型的問題

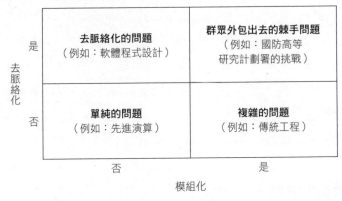

需要按照專長分割的工程問題，通常落在右下角。製造車輛、蓋摩天大樓、研發新藥都是複雜任務，需要分拆成子任務或單元，運用不同的知識領域。不同領域的員工必須掌握組織環境與產業專門知識。要是少了共識，每一件事都將混亂不堪。[53]

特別值得注意的是左上角，也就是去脈絡化的問題。去脈絡化的問題即便極度困難，也不需要了解組織的情形。只要發揮你擅長的東西，例如寫軟體程式，就能解決問題。從定義來看，這樣的問題本質上大多屬於一般性的抽象問題。此外，由於人人都能參與，去脈絡化的問題最適合用於公開徵選──最聰明、最厲害的人就會勝出。

國際程式設計競賽「Google Code Jam」是一系列的演算

問題，參賽者必須在限定時間內成功解題。該賽事始於二
〇〇三年，旨在協助 Google 找出傳統聘雇管道容易漏掉的頂
尖工程人才，例如二〇一四年的優勝者是十八歲的白俄羅斯
人，他第一次參加這場年度競賽，就打敗來自全球各地的其
他二十六名程式設計師，接著又連續四年拿下冠軍。[54] 此類
公開賽就是希望開放讓所有可能的人都來解題，完全不需要
具備任何產業或企業的背景知識，有真材實料最重要。

設計對的問題

不過，組織若要尋求外部人才的協助，最大的挑戰在
於將組織特定領域的問題改寫成一般性的問題，讓外部的
大量人才能夠參與。著名的發明家與通用汽車研發長查爾
斯‧凱特靈（Charles Kettering）說過：「問題說清楚了，就
解決一半。」以去除組織情境的方式陳述問題十分重要，特
別是對於群眾外包這種方式。瑞士生產農化製品與種子的農
業公司「先正達」（Syngenta）相當了解這點。本書第一部
提過，製藥研究已從自微生物學與化學等傳統領域，跳至重
組 DNA 與計算生物學。農業公司也一樣，由生科種子公司
領軍，進行基因操作，帶來各式除草劑與抗蟲農作物。先正
達年營業額達一百三十億美元，二〇〇〇年起自諾華獨立出
來。公司清楚意識到數據分析是改善種子培育與產量的首要
關鍵，但還缺乏一項關鍵資源。先正達的經理告訴我：「先
正達旗下有大量的生物學家與化學家，能在公司實驗室做傳

統的實驗室工作，但數據科學家與軟體程式設計師在全球都是稀缺資源。我們招募這樣的人才時，永遠搶不過 Google 或 Facebook。」因為無法招攬到人才到內部工作，先正達實驗了一個群眾外包計劃。

先正達的資深研發暨策略行銷主管約瑟夫·百倫（Joseph Byrum）寫道：「我們希望以具體的資料與統計數據，取代〔實驗室裡的試誤〕直覺，但這麼做將需要鑽研農業世界裡從來沒人碰過的數學問題。」[55] 百倫和 DARPA 一樣，他們發現若要運用群眾的智慧，不能只是舉辦網路競賽：「如果經理在網路上公布挑戰，接著就拍拍屁股走人，期待幾天或幾週後，答案就會自然出現在電子郵件信箱裡，注定要失望。」[56] 這是因為軟體程式設計師不熟悉植物生物學與農業，農學家很熟的東西對統計學家來講是天書。群眾無法解答自己看不懂的東西，沒經過翻譯，就沒有群眾智慧。「我們舉行了無數次的一對一討論，努力讓每一個人都理解我們現在要做什麼，不過這個時間花得相當值得。」

二〇一四年，先正達舉辦線上錦標賽，邀請電腦科學家設計自動鑑定分析的機器演算法。這種事需要耗費大量人力，傳統上由生物科學家執行，測量目標分子的存在、數量、功能性活動。最終獲勝的演算法，打敗一百五十四名參賽者與五百個提交的答案，篩選精確率達 98%，每年可以至少省下六位實驗室人員的人力，不過最令先正達訝異的其實是答案品質的差異。[57]

優秀的程式設計師很珍貴。科技業有一種常見的說法，據說優秀開發者的生產力，至少是普通開發者的三倍，以及差勁者的十倍。[58] 不論事實上是否真是如此，先正達所收到的演算法，效能精確度的確出現類似的明顯差異。如果把結果從最高排到最低，性能曲線有如一座陡峭懸崖，最優秀的答案出自少數幾位程式設計師之手。

在先正達競賽中出線的頂尖程式設計師中，有幾位是 Google Code Jam 先前的錦標賽優勝者，他們堅持不肯進 Google 這家網路巨擘，選擇自由工作者的生活形態。這點正合先正達的心意。先正達最終只需要頒獎金給前三名，卻得到連 Google 都請不到的優秀人才。

從圖 4.2 的二乘二矩陣來看，FANG 兩棲戰車挑戰尤其值得關注。DARPA 過去就已經將打造坦克的任務分拆成有標準介面的元件模組，但一直到線上模擬才真正讓設計挑戰的問題去脈絡化。內部工程師將自己熟悉的系統限制，寫進線上工具組，外界人才因此可以專心解決抽象的最佳化問題就好。DARPA 要是事先沒有把工程問題模組化或去脈絡化，將永遠卡在自身的複雜難題之中。有位參賽者也希望在自己的事業上模仿 DARPA 的做法：「〔如同〕所有的跨領域設計空間，這是一次很好的經驗，我的團隊重新思考我們平日工作使用的工具組。我認為這是很棒的經驗。」

在線上合作工具的輔助下，艾瑞克・倪斯等非軍方工程師，有能力與洛克希德・馬丁的系統專家一較高下。

做好事，不拿錢？

大家都知道，光是有薪水可拿，還不足以讓人有動力工作。DARPA 與先正達的參賽者大多知道，自己獲勝的機率很低。亞歷山大・奧斯瓦爾德的許多共同作者也從來沒想過自己參與自助出版的書有一天會變成國際暢銷書。警察、消防員、軍人每星期領的薪水，也沒誘人到讓人願意冒生命危險。然而，所有人卻依舊兢兢業業地付出。[59]

馬克・穆拉文（Mark Muraven）在凱斯西儲大學（Case Western）念心理研究所時做過一個精彩的實驗。他找來一群大學生，研究意志力是怎麼一回事，這個研究日後被作家查爾斯・杜希格（Charles Duhigg）寫成一段有趣的故事：為什麼有的人碰上枯燥無味的任務時，可以展現毅力，堅持下去，有的人卻一下子就分心，直接放棄？所謂的「恆毅力」（grit）是一種內在的能力，也或者深受環境影響？

穆拉文和論文共同作者招募七十七位大學生，請他們到實驗室，接著用餅乾誘惑他們（心理學實驗經常使用餅乾與大學生）。受試者被要求當天不吃午餐，餓著肚子抵達實驗室，接著他們會看到兩碗食物。其中一碗放著剛烤好、又香又軟的餅乾，帶來嗅覺與視覺的饗宴。另一個碗則堆著已經不太新鮮的冰冷小紅蘿蔔。接著，一個穿白袍的研究人員走進來，他沒有告知實驗真正的目的，只告訴一半的受試者，請他們開始吃餅乾，但不要動蘿蔔。對負責吃餅乾的受試者來講，只把注意力放在餅乾上太簡單了，他們開開心心享受起甜食。第二組受試者則被告知，不要管餅乾，只能吃蘿蔔。

五分鐘後，研究人員回到實驗室，請兩組人試著用一筆畫描完一個幾何圖形，一定要一筆完成，而且線條不能重疊。題目看起來很簡單，但實際上無解。穆拉文想知道意志力是否是一種個人的人格特質，也或者比較像會逐漸消耗的資源庫，我們又能如何影響意志力。會不會負責吃蘿蔔的受試者，先前已經動用很多意志力抵抗香甜餅乾的誘惑，意志力被大量消耗，以至於他們已經沒有耐力，無法專心努力解開無解的題目？

餅乾組帶著輕鬆的表情，一遍又一遍試著解開一筆畫的題目，有的還哼起歌。這一組的人平均嘗試十九分鐘後才放棄。蘿蔔組就不一樣了。他們看起來不太開心，心煩意亂，在椅子裡動來動去，抱怨這是什麼爛實驗，八分鐘後就放棄，比餅乾組少了六成時間，其中一人還對著研究人員破口大罵。實驗結果出爐，意志力和其他資源一樣，是一種會被消耗的東西。一旦用光，我們就做不了困難的事，失去耐性，而容易屈服於種種誘惑。工作了一整天，計完帳，填完永無止境的複雜支出報告後，多數人只想窩在電視機前吃一桶冰淇淋，明天再上健身房吧，今晚休息就好。[60]

穆拉文成為紐約州立大學奧爾巴尼分校（State University of New York at Albany）的教授後，做了相同的實驗，但這次有了新變化。他新招募一群毫無戒備的大學生，要求他們當天不能吃午餐，由第一組負責吃不新鮮的冰冷蘿蔔，不能碰熱騰騰的香甜餅乾。不過這一次走進來一個看起來人很好的研究人員，他先和蘿蔔組的受試者討論實驗目的，解釋研究團隊正在努力破解人類抗拒誘惑的能力。他會和善地拜託學生遵守實驗要求，事先感謝他們花時間與精力一起拓展現代心理學的知識。此外，研究人員也告訴受試者，實驗後他們可以提供實驗設計建議給研究團隊。

等受試者把蘿蔔啃得差不多之後，研究人員再度回來，請學生坐在電腦螢幕前。螢幕隨機閃過數字，每次閃五百毫秒。如果出現「四」，接著又出現「六」，受試者要按一下空白鍵。這是標準的以無趣任務測試專心能力的實驗，電腦跑完數字要十二分鐘。

出乎所有人的意料，這組學生理論上已經耗掉意志力的儲存量，但他們全程保持專注。

第二組學生也參與了一樣的實驗，但有一個地方不同：這組人沒被告知實驗的目的。研究人員看起來有急事要辦，對這場實驗不是很關心，隨手翻了翻文件，用臭臉命令大家：「不準碰那些餅乾。」學生坐在電腦前受測，表現糟透了。雖然得到清楚的指示，但該按空白鍵的時候沒按，抱怨自己很累，數字閃太快了。這組人顯得精疲力竭。

穆拉文在實驗過後解釋：「如果人們覺得這件事是自己選擇的，或是在做利益他人的事──做起來感覺就不會那麼累。如果覺得自己沒有自主權，只是聽令行事，他們的意志力肌肉一下子就疲勞了。」[61]

「選擇的權力」與「樂在其中」也解釋了維基百科現象。電腦科學家馬丁・沃騰貝格（Martin Wattenberg）估算，二〇〇八年時，全球各地的人替維基百科投入了一億小時。本書寫成的當下，大約有三萬一千名活躍的「維基人」，平均每天花一小時幫忙編纂詞條，一星期七天皆如此。前20％的維基人除了有白天的正職工作要做，一天還要花超過三小時寫維基百科。

近日世界排行第一的維基人是住在印第安納州的賈斯汀・納普（Justin Knapp），納普擁有哲學與政治學學位。他匿名編輯數個月後，後來在二〇〇五年加入維基百科，成為第一個編輯次數達百萬的維基人。今日，他已經累積編輯超過一百三十萬次。雖然納普顯然屬於極端特例，他和其他許多熱心維基人的動機，對我們來講並不陌生。維基百科的成立目標是「帶給全世界免費的知識」，我們很容易理解這個理念的價值。

當然，不是每個人都會單純因為有使命感，就願意出力。對有些人來說，光是出於利他主義，覺得能貢獻一己之力，協助將人類日益龐大的知識分門別類，就願意為維基百科投入無數小時。有的人願意幫忙，則是因為在網路上寫東西可以獲得社交炫耀權（social bragging right）。我們都希望在人前有面子，希望自我感覺良好。告訴別人他們原本不知道的有趣資訊，是世上最強大的動力，這也是為什麼大家喜歡在飲水機旁交換祕密，聊八卦。人類天生就會願意為了被別人佩服而分享內部資訊。我們會為了獲得社會認可與社會地位做事。

維基百科聰明的地方，就在於將編寫無聊的事實性文章，變成一種大好機會，人人都能告訴整個世界任何事。出力最多的人還會獲得獎勵。他們看得見自己的文章被瀏覽多少次，也知道以編輯次數而言，自己的相對排名在哪。相關數據全都公開在名次排行表中，大家都看得見。死忠維基人相當重視這樣的榮譽榜。[62]

這正是為什麼在請大家破解題目前，最好自己先弄清楚以下三個問題：

為什麼解決這個問題很重要？

你必須讓群眾知道為什麼自己該出手相助。維基百科能打敗《大英百科全書》，不是因為付給作者與編輯更好的酬勞——維基百科一毛錢都沒提供，但提供使命感，他們在官網上宣布宏大的目標：**提供全球免費的教育性質內容。** 同理，對 DARPA 的參賽者而言，為國家挺身而出，令人熱血沸騰。人們要先被感動，才會採取行動。

好點子長什麼樣子？

先定義客觀條件，例如執行時間或可行性，協助群眾提出與辨認真正可採取行動的點子。你要說明自己正在尋找什麼類型的解決方案，你將採用什麼樣的成功指標，以可量化的方式設定挑戰。DARPA、NASA、先正達的計劃能成功，主要是因為陳述問題的方式——指出哪些是問題、哪些不是。

這個問題需要拆解嗎？

如果問題很大，分拆成不同部分會很有幫助。一定要讓參與者知道有哪些限制，更好的做法是把限制內建在協作工具中，降低進入門檻。主辦單位不必花時間重新發明輪子，通常只需要利用 Spigit、InnoCentive 等現有的平台，或借用他人願意分享的東西即可。

微信如何改變我們對於網路的一切認識

二〇一七年一月，微信再次引發騷動，推出「微信小程序」，使用者不需要下載或安裝任何東西，就能體驗眾多行動 app。不到二十四小時，網路上便開始流傳「微信的超級 app 打算一舉拿下外國 app 商店」、「微信搶先 Google」、「騰訊開設 app 商店」等新聞標題。[63]

任何用過智慧型手機的人都能作證，雖然大家手機上通常存著數十個 app，多數人每天真正用到的其實只有屈指可數的幾個。行銷分析平台 Localytics 發現，有四分之一的人通常只用過一次新的 app 就刪除。[64] 微信的主要概念是減輕消費者下載 app 的麻煩，減少 app 開發者的維護成本。微信營銷總監茱麗葉‧朱解釋：「如果你從零開始打造一個 app，你要花的後端程式設計力氣，可能多出七成以上，但終端用戶感受不到你付出的心血，或是壓根沒發現。我們認為開發者應該將大部分的心力，花在思考自己要提供給顧客的內容與服務。目前 app 開發者要打造一個普通的 iOS 或 Android app 原型，成本可能就高達十萬美元，一定還有更好的辦法。」

　　市場回饋帶動許多發明，也帶動小程序的發展。最受微信商業用戶歡迎的用途，依舊是訂閱號（subscription account）。業主可以透過訂閱號推送媒體內容給終端消費者，包括促銷訊息與折價券等等。讓消費者能直接交易的服務號（service account）則沒那麼熱門。小程序團隊開放平台的產品經理切爾‧陳（Chale Chen）向我解釋：「我們先前公眾號系統建構在傳統的 HTML5 上。基本上，我們直接透過 API 導入與導出數據，但中國的連線品質不穩，常有延遲與等候時間，線上交易有時會因為逾時而出錯，這對使用者體驗來講是一大挑戰。」

　　因此，由十二位軟體設計師組成的團隊，開始重新思考如何能重新架構公眾號，小程序的概念很快就出爐。小程序利用類似 iOS 生態系統做法的專有語言[65]，將通用的使用者介面元件集合成標準模組 —— 滑動、跳至下一個、下拉選單。模組化構造大幅減少數據使用，編程變得比在 iOS 或 Android 系統底下容易許多。簡而言之，開發者可以專注於建構內容。

　　當然，有的進階開發者嘲弄隨之而來的限制，抱怨易於使用的標準，限制了他們發揮創意的空間，新的行動 app 變得很陽春，然而那正是微信想要的效果：替小型事業降低啟動數位化策略的門檻。切爾回想：「有一個 FM 電台廣播員，決定嘗試自己做一個小程序，他基本上只花了一個週末學編程，下個星期一就推出新的應用程式。那正是我們試圖達成的目標。我們希望替創業者移除所有的障礙，讓他們能推出自己的 app。」

　　不是所有的小程序都會通過審核。微信依舊會審查開發者申請的 app，而且微信的標準甚至比蘋果的黃金標準還嚴格，遊戲與廣告幾乎全在禁止之列。開發者可以提供像是旅館訂房等服務，再向顧客收費，但是不得販售螢幕保護程式、表情符號、遊戲等虛擬商品。此外，所有的小程序都必須免費。微信營銷總監茱麗葉指出：

> 　　小程序的目的不是變現，而是協助服務提供者在購物情境下，讓服務變得更方便，以更有效的方式服務顧客。
>
> 　　那也是為什麼小程序的功能在初次使用前，不會出現在微信的介面上。小程序可以透過朋友的社群被發現，或是掃描 QR 碼。消費者不會使用的小程序，就不會出現按鈕。使用者介面永遠應該保持清爽。我們不希望用戶被新應用搞得暈頭轉向。

　　小程序規定嚴格，但推出前夕就已經收到一千個 app，而且數字持續成長。有人說微信最大的成就是逐漸對外開放自己的商業模式。美國的 DARPA 與先正達利用群眾智慧，解決自己事先定義的複雜技術問題，微信則是透過自己的商業用戶發明想不到的新功能。

　　二〇一七年五月時，超過二十萬的第三方開發者一起打造微信平台。[66] 無遠弗屆的連結力是微信業務成長的主要槓桿點。昔日彆腳的 ICQ 模仿者，搖身一變成為使眾家第三方得以參與電子商務的社群媒體平台，自己也成為全球最大的超級 app。

　　然而，如果說群眾外包可以用於量產解決方案，解決複雜難題，下一個槓桿點必然是自動化解決方案的產生過程。下一章我們將探討企業除了能將重要決策外包給群眾，還能如何自動化那些決策。

05

人工智慧的機會
Recruit 集團靠數據與平台將服務最大化

> 數可數的，測可測的，想辦法讓不可計算的可計算。
> ——伽利略（Galileo Galilei）

> 能計算的不一定都重要，重要的不一定能計算。
> ——威廉‧布魯斯‧卡麥隆
> （William Bruce Cameron），
> 《非正式社會學》（Informal Sociology）

電腦是福也是禍的年代

　　二〇一六年三月對數據科學家與機器學習專家來講，可說是永難忘懷的一個月。Google 研發的電腦程式 AlphaGo 在圍棋系列賽中（Go 是英文的「圍棋」），以四比一打敗世界冠軍李世乭。[1] 西洋棋是六十四格的棋盤，玩家大約會走上四十回合。一九九七年時，IBM 的深藍（Deep Blue）靠暴力解題法，打敗西洋棋特級大師加里‧卡斯帕洛夫（Garry Kasparov），也就是計算所有可能的殘局，每秒搜尋數百萬種可能性再判斷出致勝的棋步。

　　但是圍棋無法使用暴力解題法。圍棋的棋盤是十九乘十九的方格，下棋的人會走到兩百回合[2]，也因此可能的排列組合暴增至天文數字，確切地說是多達 10^{761}，超過整個可觀測宇宙中的總原子數量。[3] 先前一般預估至少還得再花十年，機器才有辦法在圍棋賽中打敗人類，但 Google 研發出模擬人類特質、能憑直覺下棋的機器演算法，不但技術上有可能複製人類專家的直覺，甚至還能超越。最重要的是，AlphaGo 是能每天自行改善效能的機器，不需要人類程式設計師的直接監督。智慧機器勢不可當的浪潮，已經在某種程度上影響著世上每一家企業。人類是怎麼走到今天這一步？

　　一直到了最近，電腦還需要軟體工程師寫指令。一般來說，電腦不會自動學習，而是遵守規則。最早的所謂的「機器學習」迭代，需要電腦科學家或統計人員提供大量輔助，或是隨時監測。人類必須標注數據，清楚設定最終目標。這種早期的機器學習形式，有一個分枝是大數據的統計探勘，可以協助我們找出先前未知的模式與建議補救措施。這種數據分析法雖然需要動用大量人力，卻可以有效預測消費者行為：我們點選什麼、購買什麼、說了什麼謊。機器已經提升了公司寄發電子郵件、打電話、提供折扣、建議產品、顯示廣告、檢視漏洞、同意放款的方式。信用卡公司可以即時偵測疑似盜刷的交易，保險業者可以判斷客戶索賠或死亡的機率。壞處是相關演算法只適合特定情境（context dependent），是為了單一目的設計的機器，深藍很會下棋，但做其他的就不太行。

早期的亞馬遜的網頁，有一群由真人作家組成的編輯團隊，負責寫出幽默機智的廣告標語，以人工方式推銷產品，以及決定要促銷哪些書。多年來，公司內部出現了另一個靠 Amabot 機器演算法的團隊，他們會依據顧客的搜尋與購買紀錄產生推薦。亞馬遜執行長傑夫・貝佐斯（Jeff Bezos）依循公司精神，讓兩組相爭，一組是人腦想出的銷售訊息，一組是標準自動化推薦。沒多久，銷售結果就顯示人類在刺激銷售這一塊比不上機器。Amabot 在一系列的測試中輕鬆獲勝，證明自己能和人類編輯賣出一樣多的產品，但不必增加額外成本便能刺激交易量。人類團隊若要滿足上升的需求，就需要雇用新人並加以訓練。[4] 二〇〇二年，一位員工在西雅圖地方報《陌生人》（Stranger）的情人節特刊上，匿名刊登三行英文的廣告，對演算法喊話：[5]

> 最親愛的 Amabot：真希望你有一顆心，能感受到我們的憎恨之情……
> 還真是謝謝你了，你這個破銅爛鐵。
> 不合邏輯的美好血肉之軀終將獲勝！[6]

但人類編輯團隊很快就被解散。[7]

不過，Amabot 強大歸強大，卻不適用於其他情境。演算法也無法應用於以自然人類語言表達的非結構式資料。資料送進機器前，需要先在關聯式資料庫整理成有如 Excel 資料表的整齊數字列或文字列。還要再過十年，資料形式的限制問題才會獲得解決。

不只是更強大的搜尋引擎

二〇一一年二月，IBM 讓美國民眾留下深刻的印象，超級電腦華生（Watson）在熱門益智節目《危險邊緣》（*Jeopardy!*）上擊敗了人類參賽者。一千五百萬名左右的觀眾，看著華生在現場直播賽中打敗前冠軍詹寧斯（Ken Jennings）與賴特（Brad Rutter）。那一集節目讓民眾清楚看到，機器學習不只是能專心算術而已。《危險邊緣》和多數的益智節目一樣，題目的是五花八門的冷知識，還有特殊的問答形式：線索以答案的方式呈現，參賽者必須以問句的形式回應。舉例來說，如果主題是古典音樂，線索是「和莫札特最後一首以及或許是氣勢最磅礴的交響曲同名的行星。」那麼正確答案是：「什麼是木星（Jupiter）？」[8] 玩《危險邊緣》就像是從字典裡找出一個字，接著再找答案裡有那個字的填字遊戲題目。

在參賽者所在的舞台後方，有一個橫窗，看得見華生電腦在窗後的房間裡不斷運作，大量的微處理器快速計算著 0 與 1，轟隆隆的風扇負責降溫。[9] 華生在那場競賽過程中，每秒就可搜尋六千五百萬個頁面 [10]。題目都用自然語言表達，文字的意義要靠前文脈絡、討論的主題與方式才能判定。日常英語真正的意思永遠沒被完全或精確表達出來。若要理解一則新聞在說什麼，就得分辨「parking in driveways」（在車道上停車）與「driving on parkways」（在車道上開車），或是理解「noses run」（字面意思是「鼻子會跑」，實際意思是「流鼻水」）與「feet smell」（字面意思是「腳聞」／實際意思是「腳臭」），你必須能理解言外之意、諷刺、謎題、俚語、隱喻、笑話、雙關，才有辦法參加《危險邊緣》。

IBM 工程師團隊為了讓華生不只是加強版的搜尋引擎，替華生加上三種得以瞬間得出正確答案的能力：（1）自然語言處理；（2）假設生成；（3）實證學習。[11] IBM 研究院產業解決方案暨新興事業（Industry Solutions and Emerging Business at IBM Research）副總裁凱薩琳・弗藍瑟（Dr. Katharine Frase）表示：「《危險邊緣》的玩法設計其實與信心值有關，明確知道答案才該答題。真實世界中有許多那種類型的問題，你不希望你的醫生用猜的。你希望醫生在開始治療之前，對自己的答案有信心。」[12]

在為期兩天的《危險邊緣》競賽尾聲，華生贏得的獎金累積到七萬七千一百四十七元，是人類對手的三倍多。先前曾連贏五十場比賽的詹寧斯，這次屈居亞軍，排在賴特前面。詹寧斯表示：「如同二十世紀時，工廠工作因新型的裝配線機器人消失，我和賴特則是第一個因為新型『思考』機器而失業的知識產業工作者。」[13]

若想了解人類的自我意識為何與「computer」（計算機／

電腦）的歷史糾葛在一起，別忘了「computer」以前是由人類來擔任，也就是「計算員」。「computer」化身為主宰人類二十一世紀生活的數位處理裝置之前，其實是一種職稱。從十八世紀中葉開始，許多「計算員」由女性擔任，在企業、工程公司、大學任職，負責計算數字與分析數值。[14]哈佛天文台（Harvard Observatory）曾是最大的計算員雇主，台長愛德華・C・皮克林（Edward C. Pickering）一直為分類天文數據的工作頭疼不已，最終決定換掉自己的男助理，改由威廉敏娜・弗萊明（Williamina Fleming）上任。弗萊明是優秀的天文學家，也是計算與編目的高手。因為弗萊明優秀的能力，哈佛天文台很快就開始雇用大量女性科學家，因此被戲稱為「皮克林的後宮」（Pickering's Harem）。[15]

那是一個性別不平等的年代。計算員這個職稱只不過委婉說法，把無聊繁瑣的腦力活丟給計算員就對了。一直要到現代計算的開端，大約在一九四〇年代，才有人開始想到要發明能思考的機器（thinking machine）。圖靈（Alan Turing）與馮紐曼（John von Neumann）等先驅預測，機械計算機有一天將能模仿人類智慧。如果機器最終能在文字交談中，不會被人類分辨出是機器，機器就可稱為「會思考」。[16]

健康保險公司偉彭（WellPoint）副總裁拉提夫醫學博士（Omar Latif）指出：「如果你有看那一集的《危險邊緣》，就會看到螢幕下方都會列出華生提供的幾種答案。華生提出好幾個答案，每個答案都有一定的信心水準，我發現這就是醫師的思考方式！我替病人看診的時候，通常不會只有一個答案，可能有四、五個答案，但我會告訴病患我認為信心水準最高的那一個。」[17] 此外，被打敗的詹寧斯稚氣的長相與靦腆的笑容，也讓人特別感受到人類被打敗的衝擊，尤其詹寧斯本人還是軟體工程師。[18] 詹寧斯後來寫道：「我個人歡迎我們的新電腦過載（computer overloads，譯註：英文音近「電腦霸主」）。」華生不同於十年前的 Amabot，機器再也不盲從於人類指令，而是有能力理解以人類語言形式表達的非結構式資料，自行做出判斷，從而深深改變企業對於管理技能的重視。某位財務主管直接指出：「想像一下，有一個人能夠閱讀無限的〔財務〕文件上面的數字，還能完全理解那些文件、記住文件裡的所有資訊。現在再想像一下，你可以問那個人：『接下來三個月，哪間公司最可能被收購？』基本上，那就是〔華生〕能替你做到的事。」[19]

萬無一失／容易出錯的人類

我們所在的知識經濟世界崇拜領域專家，例如現代健康照護的主要做法是完全仰賴醫生依據畢生的經驗下決定。醫師的關鍵責任是在病患出現症狀時，做出診斷。儘管在充滿不確定性、資訊不完的狀況下，醫生依舊得辨認患者得了什麼病，接著正確指示該有的療法，通常還是當下就得決定。

對許多醫師來講，診斷病患是一種學無止境的高深技術。德巴克與桑吉夫・喬普拉兄弟檔醫師（Deepak and Sanjiv Chopra）精彩的《兄弟情》（*Brotherhood*）一書中，桑吉夫回憶自己有一次見到傳奇人物：波士頓榮民醫院（Boston VA Hospital）腸胃科的臨床主任艾力胡・施曼醫師（Elihu Schimmel）：

> 　我打開 X 光片箱的燈，接著……真的就是瞬間，施曼醫師就喊：「停」。我停下，他盯著 X 光片約三十秒的時間。
>
> 　「桑吉夫，這位病患長期抽煙，有酗酒，還有糖尿病。此外，他小時候有得過小兒麻痹，他需要切除膽囊。」我呆住了。
>
> 　「施曼醫師……」我結結巴巴地說，「你怎麼光看 X 光就知道那些事？」施曼醫師解釋：「他的橫隔膜鬆弛，肺部過度充氣，那是老菸槍的徵兆，有肺氣腫。我還看見胰臟鈣化，所以他有酒精造成的慢性胰腺炎。股骨頂端有無菌性壞死，還有脊柱後側彎，那是幼年小兒麻痹造成的結果。」
>
> 　在場的六個人全像著迷了一樣安靜地聽施曼醫師說話，我確定我們心中都在想同一件事：我們正在觀賞大師表演。[20]

新手與老手的差別，就在於這樣的大師表演。老手瞬間做出的決定，品質和仔細推敲後的決定一樣好。[21] 有名的臨床醫師有辦法在一眨眼間做出困難、有時甚至令人費解的診斷。諾貝爾獎得主丹尼爾・康納曼（Daniel Kahneman）在《快思慢想》（*Thinking, Fast and Slow*）一書中，提過類似的千鈞一髮消防員故事：消防隊長進入廚房正在燃燒的一間屋子，拿著水管站在客廳，用水柱沖著煙霧與火焰，但火一直繼續燒。隊長突然間大喊：「快出去！」他也不知道自己為什麼會那麼說，但小隊一退回街上，客廳地板就崩塌了，原來起火點是地下室。消防隊要是繼續待在屋內，就會墜入燃燒的煉獄。[22]

康納曼認為這個例子展現了人類奇妙的直覺。烈焰聲響大，但這場火災卻異常安靜，原因是地板悶住了下方火海的聲音。康納曼寫道：「隊長在事後才想起那場火安靜到不尋常，還有他的耳朵也感到不尋常的燙。這些感受激發了他『認為有危險的第六感』。」整場事件的奇妙之處，在於消防隊長並未完全意識到發生了什麼事，卻能在幾秒鐘內就評估出情勢。他講不出哪裡有問題，只記得冒出一股原始的不安感，然而小隊的性命安全，完全倚賴於他鎖在意識之門後方的精確評估。

然而，專家直覺的問題在於難以複製，獲得成本很高。在商業環境下，這點通常會大幅妨礙成長。

以建造與經營購物中心為例，除了要選擇理想的興建地點，承租商組合也是關鍵，品牌愈多愈好。購物中心的業主不能坐等零售商自行上門，一定要主動邀請理想品牌，給予足夠的時間，讓潛在承租商得以事先規劃、找經費、分配資源。購物中心的業主和建築師合作時，需要指定主題、設施、配備、建築特色，遵守所有的法規與安全規定，還需緊守合理預算，規定可行的期限，如此才能獲利。此外，由於小型城市通常會以指標性的購物中心為榮，功能不齊全、商家不齊全的購物中心，不會在開幕那天獲得市民熱烈歡迎。

相關的商業與工程活動十分複雜，也難怪購物中心開發商一般是擅長在熟悉的市場經營、本身有管理特長的地方人士。購物中心不像家電或消費者電子產品等全球性產業，有著全球各大洲統一的產品規格。購物中心有太多日常決定必須依賴過去的經驗來判斷，因此相較於其他產業，購物中心地產開發商的規模可能出乎意料地小。全美最大的購物中心營運開發商「賽門房地產集團」（Simon Property Group），二〇一五年營收約為五十三億美元。[23] 二〇一六年，賽門集團開了三間新的購物中心，兩間是暢貨中心，一間是建議價零售商。[24] 相較之下，美國最大的家電公司惠而浦（Whirlpool）同年營收達兩百億美元。

儘管如此，在世界的另一頭，中國驚人的都市化速度迫使地產集團想出獨特的解決方案，破解絆倒所有美國開發商的障礙。中國最大的私人商用物業公司萬達集團（Wanda Group）在二〇一五年旗下就多了二十六間購物中心[25]，並計畫自二〇一六年起每年至少要開五十家[26]，萬達該年的營收超過兩百八十億美元 [27]，執行長王健林是中國首富，身家估計達三百億美元 [28]（川普〔Donald Trump〕是美國史上第一位億萬富翁總統，身家約三十五億美元）。[29] 地產開發的速度太快，萬達無法只仰賴經驗豐富的員工，沒時間配合公司的成長，培養足夠的能幹專案經理。

我最後一次與萬達企業文化中心總經理劉明生交談時，很訝異地發現他很少提及萬達的文化，反而大談萬達的資訊系統扮演的角色：

> 大約十年前，萬達集團〔展開〕辦公室自動化，所有的地產計畫都由資訊方法帶動。一般的購物中心開發時間是兩年左右，我們的資訊系統將整個從開工到開幕的循環，分成三百個主要里程碑，每個里程碑又細分成約一百個子任務。
>
> 系統亮綠燈，代表某個計劃順利完成，黃燈代表未按進度完成。亮黃燈時，負責人必須想辦法彌補落後的進度。黃燈亮了一週後將轉成紅燈，負責人會被懲處或替換。
>
> 地產管理也以類似的方法，由中央系統統一監控，火災控制系統、熱水器、空調，節能、安全資訊，全部展示在一個超大螢幕上。

那天下午，我參觀萬達在北京的購物中心，物業經理示範給我看，他可以用智慧型手機即時查看每一個關鍵統計數據，包括視覺化的顧客流熱區圖。經理解釋：「交叉比對銷售量與流入的購物人潮後，就能搶先在好幾個月前，事先預測哪個承租商將陷入財務問題，比較能追到應收帳款。」回到辦公室後，物業經理在線上檢視數個附上照片或影片的維修要求，所有的相關資訊與核可決定都自動傳送給負責的員工，不必擔心漏收電子郵件或 Excel 試算表。

劉明生指出：「過去我們需要動用大量專業人士，才能確保計劃可以準時開幕，但現在有了 IT 系統後，隨時都能撤換總經理，甚至任何人明天就能開始建造購物中心。你不必是任何事的專家，只需要專心監督計劃中你負責的部分。萬一卡住，看看你的電腦，尋求協助。萬達就是以這樣的模式擴張。」

萬達的例子解釋了企業倚賴員工經驗所帶來的基本限制。人腦無法被百分之百複製，訓練也需要花時間。仰賴專家判斷的企業，永遠止步於小規模營運。想在知識經濟的世界擴張事業，先決條件就是把工作流以及經驗豐富的管理者的直覺自動化。

企業不再單純仰賴人類專家後，還有另一項好處。碰到下判斷的機會少、難以取得反饋的情境時，人類的直覺常常錯得離譜。在這種情境下，平日被追捧的專家不是大師，只是毫無頭緒的權威。

在我的主管課程上，我常用認知心理學家丹尼爾‧列維

圖 5.1　變臉謎題

你的臉

		藍	綠	
疾病	藍	15	5	**20**
	綠	25	75	**100**
	總數			**120**

廷（Daniel Levitin）提出的謎題考學生。想像一下，你到某間餐廳吃飯後，一覺醒來發現臉變成藍色。有兩種食物中毒的情況，一種會讓你的臉變藍，另一種則會變綠。有一種藥能治好你的病。如果你是健康的人，吃藥不會有任何影響。然而，如果你得了其中一種食物中毒，卻吃了錯誤的藥，就會死掉。你的臉變成的顏色，75％的時候與得到的疾病一致。此外，得綠色病的機率是藍色病的五倍。那麼你應該吃什麼顏色的藥？[30] 討論十分鐘後，多數學生會選擇藍色的藥。我問：「為什麼？」他們回答都是：「因為臉變成藍色的，而且大部分的時候，臉的顏色與得到的疾病一致。」

　　此時我會拿出列維廷舉例的四格表。我沒有比較聰明，我第一次讀到這個謎題時也犯了相同錯誤，但如果假設人口為一百二十人，就能如同圖 5.1，在其中填上相關資訊。

　　請看左邊第一欄：即使病患的臉變成藍色，最好還是吃綠色的藥，因為一般人口的綠色病盛行率比較高。換句話說，我們從頭到尾都把注意力擺在錯誤資訊上。我們應該看疾病的基本比率，而不是特定藥物治療疾病的藥效強度。機率問題和消防員不一樣，消防員日復一日接受各式訓練，但我們很少會被問到機率問題，也很難取得長期數據。醫學界通常要花數年、甚至是數十年，才能確認某種療法能否有效對抗慢性病症。今日所做的決定與未來可觀察的結果，兩者間的反饋少到幾乎無法讓我們學到任何事。[31]

不論是廚房桌邊的閒聊、工作面試、董事會政治學，專注在錯誤資訊上的問題隨處可見。企業內部管理團隊的討論，通常最後會變成「最高薪人士的意見」（highest-paid person's opinion，簡稱 HiPPO）。[32] 如果說應用基本統計數據對醫療決策來講很關鍵，想像一下華生等加強版的搜尋引擎，可以如何改變一度以專家意見馬首是瞻的各行各業。

打造智囊團

醫學期刊每一天都會刊登新療法與新發現，醫療資訊的洪水平均每五年就會多一倍。多數醫院的工作壓力又很大，醫生很少有充裕時間閱讀。若要讀完一切新知，基層醫療醫師一星期得花上數十小時[33]，而81％的醫師表示，自己一個月頂多只能挪出五小時仔細閱讀期刊[34]，也難怪臨床醫師運用的知識僅兩成為實證醫學。[35] 新知識的量實在太大，超越人腦極限，造成「專家直覺」這種一度強大的機器失靈。

IBM 的企業策略總監大衛・科爾（David Kerr）回憶，史隆凱特琳癌症紀念研究醫院（Memorial Sloan Kettering Cancer Center, MSK）的資訊長派翠莎・史卡路利（Patricia Skarulis）是如何主動出擊。科爾在訪談中表示：「史卡路利看到華生在《危險邊緣》擊敗兩位超級冠軍，立刻聯絡我們，表示她們的醫院蒐集了十年以上的癌症數位資訊，包括療法與治療結果。她認為華生能幫上忙。」[36]

MSK 是全球最大型、歷史最悠久的癌症醫院，獨有的資料庫內含一百二十萬筆住院病人與門診病人的診斷資料，以及二十多年來的臨床診療紀錄。這個龐大的數據庫還包含所有肺癌病患的完整分子與基因體分析。[37] 然而，醫院裡的醫生和實驗室研究人員不一樣，平日必須依據直覺做出性命交關的決定，沒時間回家好好回想病患所有的醫療檢測結果，當下就必須決定療法。除非有一個智慧系統事先探勘有用資訊，接著立即把結果告知醫師，要不然資訊洪流無法協助醫師做出最佳決定。

二〇一二年三月，MSK 醫院與 IBM 的華生開始合作，目標是研發出一款應用程式，腫瘤科醫師以簡明英文描述病患症狀後，華生可以提供醫師建議。[38] 腫瘤科醫師輸入資訊，例如「我的病患痰中帶血」，華生就會在半分鐘內提供適合病患的藥物療法。IBM 研究院的醫療科學家長馬丁・寇恩博士（Martin Kohn）表示：「華生是處理資訊的工具，可以填補人類的思考空缺。華生不會替你做決定，決定由臨床醫師來下……但華生提供你會想參考的資訊。」[39]

　　對 MSK 醫院資訊長史卡路利而言，真正的目標是「打造智慧引擎，提供明確的診斷測試與治療建議。」[40] 除了是超強版的搜尋引擎，還能將老手醫師的智慧，傳承給新手醫師，例如中國或印度偏遠醫療中心的醫師，可以立即得知最優秀的癌症醫師告訴華生的每一件事。[41] 如果 MSK 醫院最終的非營利任務是拓展影響力，將最尖端的健康醫療科技傳給全世界，IBM 華生這樣的專家系統將是不可或缺的媒介。

　　二〇一七年初，佛羅里達朱庇特（Jupiter）一間有三百二十七張病床的醫院，加入「華生健康」（Watson Health）計劃，運用超級電腦配對癌症病患與最佳療法。[42] 由於機器可以無止盡地閱讀、理解、摘要，永遠不會累，醫生得以利用其產生的廣大知識。健康保險公司偉彭表示依據測試，華生的肺癌成功診斷率達九成，人類醫師則為五成。[43]

　　各位如果回想一下本書前面提到的知識漏斗，就會覺得相關的發展其實很合理。以上提到的現象，其實是邁向最終的自動化時（見圖 5.2），自然會發生的結果。過去笨重的機器協助山葉打敗史坦威的人類肌肉，今日的聰明機器則正在取代 MSK 醫院的人類智能。然而，多數高階主管依舊對相關技術感到陌生。目前的企業要如何開始轉型至知識自動化，尤其是非 IT 產業的公司？

　　雖然聽起來不可思議，日本有一家出版社是這方面的模範。Recruit 控股（Recruit Holdings）在一九六〇年代初期是出版求職雜誌的廣告公司。二〇〇〇年代初期在網路革命的

圖 5.2　最終的自動化

知識自動化
機器學習，
盡量減少人類介入

⬆

量產決策
由使用者社群集體決定

⬆

工藝決策
由經驗豐富的小型團隊決定大小事

帶動下，增加垂直事業，包括不動產、婚禮、旅遊、美容沙龍、餐廳等等。二○一五年，因為 Recruit 的數位平台廣受歡迎，公司發現自己握有交易與終端使用者行為等龐大的線上資料。管理團隊在矽谷成立人工智慧研究實驗室，希望將最新科技應用於數據分析與機器學習。不過，Recruit 除了推動人工智慧，也有蠶食自家生意的膽識，致力於透過由數據帶動的創新，跳向未來。Recruit 和同期企業的不同之處，在於策略的管理過程。「跳」無法一步達成，需要時間。而 Recruit 向大家示範了蛻變過程。

不是祖父輩那種分類廣告

　　一九六二年，東大學生江副浩正成立大學報，媒合求職新鮮人與潛在雇主，因此一炮而紅，那份報紙日後成為日本第一本求職雜誌。之後，江副浩正創業，並把公司命名為「Recruit 中心」（Recruit Center）。

江副浩正是充滿雄心壯志的企業家，大學一畢業就努力把自己的廣告銷售公司拓展成有二十七個子公司、跨足各領域的龐大集團，員工數達六千兩百人。一九八六年時，Recruit 年營收約有三十億美元，在東京高級的銀座購物區擁有辦公大樓，旗下事業五花八門，包括人力資源、不動產、電信、餐廳、旅館、資訊出版。[44] 江副浩正長期抱持一個簡單的座右銘：在這個世上，錢最優先。[45]

時值日本的經濟奇蹟時代，但 Recruit 也不是涉足什麼產業都一樣成功。Recruit 的強項依舊是報紙背面那種分類廣告，三十多年來提供資訊給求職者，印製兩本紙本雜誌：〈Recruit Book〉是給大學生的求職資訊雜誌，〈Recruit 求學情報誌〉（Recruit Shingaku Book）是給中學生的大專院校資訊。[46]

一九九〇年代中葉，網際網路開始起飛，Recruit 為了保護自己的市場領先地位，率先在網路上傳遞資訊，一九九六年推出新鮮人的網路求職佈告欄「Recruit Navi」。如同許多書籍出版商與報社在轉型至網路時遭受近乎致命的打擊，Recruit 因為拋棄傳統雜誌，必須完全仰賴線上廣告的營收，公司獲利因此遭受重創。

Recruit 的行政經理卷口隆憲說：「轉型前，我們同時發行三種形式——透過書店銷售的紙本雜誌（有如電話簿）、免費的紙本雜誌、網路雜誌。轉型後，我們保留免費的紙本雜誌與線上雜誌，但不再發行紙本。我們從紙本轉型至網路的首次體驗，就是銷售跌至十分之一。」

Recruit 很幸運，網路使用率在新千禧年的開頭便大幅成長，日本的網路使用者自一九九五年的兩百萬人，躍升至二〇〇二年的六千九百四十萬人，整體的出版市場也完全轉換至偏好免費的線上內容，不過 Recruit 依舊歷經心驚膽戰的近四年，整體營收才回到先前的水準。無論如何，Recruit 先前的經驗是關鍵，Recruit 在企業顧問與大量學者尚在摸索時，已經知道如何在網路經濟中勝出。

商學院學者經常用「網絡效應」（network effect）來解釋 Uber、Airbnb、阿里巴巴的興起。三家公司擔任同時面對買賣雙方的市場，讓供應商的銷售與需求方的購買變得更便利，促進商品或服務的交換。此類平台的價值主要是看交換雙方的使用者數量。也就是說，愈多人使用相同平台，平台就自然更具吸引力——想用的人愈來愈多。

想一想任何約會網站或 app（OkCupid、Tinder、Match.com 等等）就知道了。男性會受到吸引，原因是這些 app 保證提供大量女性人選，增加找到好伴侶的機會。女性會想使用的原因也一樣。由於網絡效應的緣故，用戶願意為了能使用大型網絡而多付錢，因此用戶數量成長，公司的利潤也會跟著改善[47]，大者恆大。不過，除了規模之外，很難做到產品差異化。各位可以想一想「Uber VS. Lyft」或「iMessage VS. WhatsApp」。平台通常長得很像，彼此之間的競爭變成「不快速成長便死亡」的遊戲。這就是為什麼 Facebook 執著於成長，也是 Snapchat 在二〇一七年三月上市時，「每日活躍用戶數」成為潛在投資人最重要的評估指標。[48] 愈多人掛在 Facebook 或 Snapchat 上——看新聞或玩遊戲——可口可樂、寶僑、Nike 等大品牌，就愈願意在上頭買廣告。平台要到達一定規模後，才能立於不敗之地。

Recruit 遵循相同邏輯，率先轉型至網路，採取比對手積極的定價策略，鞏固網路市占率龍頭寶座。Recruit 遵守所有網路事業最重要的黃金原則：只要有足夠的顧客流量，即便毛利低於傳統印刷形式，公司依舊能欣欣向榮。也就是說，龐大的線上交易量最終將帶來合理利潤。Recruit 在接下來所有的轉型計劃中，從來不曾虧損。不過，事業若要長久，不能只拼規模，品質也要兼顧。這點是 Recruit 馬上會發現的第二條守則。

不只是大

Facebook 稱王前，Myspace 是社交網絡的霸主。Myspace 成立於二〇〇三年，曾是各品牌、攝影師及其他創意人士擁護的對象，一直到二〇〇八年依舊是美國最大的社群網站。新聞集團（News Corp）的魯柏·梅鐸（Rupert Murdoch）以五·八億美元收購 Myspace 時 [49]，評估價值達六十億，預計二〇〇七年年中使用者帳號將達兩億（譯註：新聞集團於二〇〇五年收購 Myspace）。

然而想不到的是，Myspace 一下子就退流行。二〇〇八年四月，Myspace 每個月流失約四千萬不重複訪客。有人認為問題出在 Myspace 的網站設計雜亂無章，有如「一個亂七八糟的巨大義大利麵團」[50]，其他人則認為 Myspace 缺乏科技創新，不過核心問題其實出在名聲。Myspace 網站上到處是想靠裸露竄紅的人[51]，不雅照片滿天飛，Myspace 的公眾形象變成情色場所。[52]菁英用戶成群逃至下一個安全港：「Facebook」。顯示規模重要，品質同樣重要。

Recruit 深知品質與規模必須兩者兼具。以 Recruit 旗下的旅遊事業 Jalan 為例，Jalan 最初是飯店與溫泉的廣告型錄，但 Jalan.net 以訂房網站的面貌問世後（就像美國的 Kayak、TripAdvisor），開始與其他旅行社競爭，成為度假勝地與遊客的中間商，無法再單靠強調旅遊勝地的優點（Jalan 雜誌過去的訴求），還必須公布使用者的負評，才能成為值得信賴的推薦網站。換句話說，是否有品質，由顧客群來決定。產品放上網路後，價值主張會轉變，品質的定義也會演變。

各位如果看看 Recruit 的企業發展史，就會發現公司的經營團隊很有魄力，在競爭者後來居上之前，先行顛覆了自己。Recruit 熱愛嘗試的精神，在接下來數十年有增無減。到了二〇一五年，Recruit 雇用一千多名軟體工程師，負責維護兩百個網站與三百五十個 app，服務對象包括餐廳、美容院、婚顧業者、房屋出租等。上千名工程師還只是公司內部人員，在東京總部之外，才是 Recruit 最重要的追隨者──外面的數百萬創業者，讓 Recruit 成為日本最重要的數位媒體公司。最重要的一點在於，這些看似革命性的改變，其實並不是短時間內達成的。Recruit 一點一滴逐漸往外擴大，每一個小步驟合在一起，重新定義了 Recruit 的核心使命，改變公司軌跡，朝向更美好的明天前進。

從雜誌社到平台提供者

過去在 Recruit 刊登廣告的企業主通常是小型商店。小店雖然享有高度的自主，創業者卻常為後端行政工作頭疼。美容院加入線上預約系統後，預約人數可能會暴增，但美容師通常最後還是把線上預約抄在紙本的行事曆上，以免同一個時段被打電話的客人重複預約。

Recruit 科技（Recruit Technologies）負責人北村吉弘設身處地為客戶著想：「如果你是美髮師，你希望把時間用在幫客人設計造型。如果你是咖啡廳老闆，你希望把時間用在煮出好喝的咖啡。然而，實際情況是企業主還有其他很多事要處理，能用在設計造型或沖咖啡的時間其實相當有限。扣除營運事務耗費的時間後，沒剩多少時間能讓事業成長。」

北村吉弘是 Recruit 的老將，卻有一張年輕的娃娃臉，一頭茂密黑髮，一雙活潑的棕色眼睛，很容易讓人忽視他強大的企圖心。Recruit 在他的帶領下，於二〇一二年推出「沙龍天地」（Salon Board）。這個雲端預約與顧客管理平台能集中管理電話預約與線上預約，立刻大受美容業者歡迎，「沙龍天地」的殺手級應用就是幫業主免去行政工作的自動回覆功能。

　　一年後，北村宣布推出 AirREGI。AirREGI 是智慧型手機與平板的 POS 收銀機，與類似「沙龍天地」的雲端資料管理系統整合（這次瞄準餐廳業者）。AirREGI 帶頭部署，由千位銷售人員負責在全日本分發四萬台免費平板。Recruit 接著又在二〇一四年推出 AirWAIT，這是一款能簡化等候流程的 app，顧客可以用智慧型手機以虛擬方式排隊。二〇一五年，AirPAYMENT 上線，替眾多中小企業省去處理付款流程與現金管理的麻煩。

　　Recruit 的新興業務跨足數個平台，因此有能力投資單一公司不願投資的能力，連帶改善整體的顧客體驗，進一步擺脫競爭者。北村吉弘的老戰友淺野健說：「我們的主要思考永遠是：『為什麼是我們？』。我們是否有能帶來優勢的特點？如果沒有，Google App 或 Facebook Plugin 就足以打敗我們，所以評估商機時，一定得問：『我們真的能做得比其他人都好嗎？』」

　　這也是為什麼 Recruit 並未進軍所有看似有利可圖的服務：「如果只是為了賺快錢的點子，我們就要否決掉。」淺野健十分堅持這一點。「我們必須弄清楚某個事業機會在未來的規模可以成長到多大，不能只為了短期有進帳，而要看跨平台的潛在使用者數目。」

這樣的堅持帶給工程團隊龐大的壓力。即便是最內向的軟體程式設計師，也不能閉門寫程式，都必須親自拜訪客戶，了解商業現況。Recruit 的程式設計師定期跟著銷售人員一起外出拜訪各行各業，從骨科診所到美食餐廳無所不包，挖掘實用預約流程的共同特色。

外出拜訪的另一個目的是快速打造原型：快速做出東西，加以測試。Recruit 的原型一般可以滿足客戶六成的需求。主功能受到歡迎後，工程師再開始研究還可以加上哪些功能，例如在 AirREGI 的設計階段，由 Recruit 前員工開設的幾間餐廳被選為測試地點。過一段時間後，附屬功能 AirRESERVE 問世，可以在螢幕上顯示餐廳的實際座位安排情形，這樣的客製化功能讓餐廳老闆能加快帶桌速度，尤其是在尖峰營業時間。有人會說，這只是增加小功能，然而正是這樣的產品功能，讓公司有辦法在最初的核心功能受到歡迎後，增加客戶的忠誠度。

在眾多改變之中，最重要的是 Recruit 改變了銷售扮演的功能。在過去，客戶靠刊登廣告增加客流量。今日，所有的數位平台都是改善營運效率的新途徑。銷售人員不再漫無目的走遍大街小巷，向業主兜售刊登廣告的空間。他們的工作變成整理顧客洞見，支援技術需求，身負多重任務，處理大大小小的問題。

自行打造或是用買的

當一家公司要開始做新東西，高階主管就必須決定要把相關活動外包到何種程度。快速發展的機器學習也帶來相同的問題：該由公司內部自己研發，還是交給其他科技公司？奇異前執行長傑佛瑞‧伊梅特（Jeffrey Immelt）稱之為「該自製，還是該外購」的兩難（"make or buy" dilemma）。「公司不會有一天晚上睡覺前突然說：『我們不能再當工業公司了，必須更像甲骨文（Oracle）一點，更像微軟（Microsoft）一點。』」伊梅特回憶，奇異最初在加州打造數位團隊時，「比較像是循序漸進，真正的根基是我們涉足的產業與我們提供的技術。我們要找合作夥伴，或者該自己來？我們有許多優秀的軟體夥伴，但基本上我們的態度是：『我們要靠自己做這件事。我們先做做看，看行不行得通。』」[53] 雖然奇異選擇在內部培養軟體能力，何時該「自製」，何時該「外購」，很多時候界線不是那麼清楚。就算一家公司決定聘用數據科學家加強機器學習，公司還是能購買第三方軟體。不過，在內部培養先備知識的確有好處。

以積體電路為例，一九六〇與七〇年代，積體電路深深改變眾多家電的質感與風格。日本製造商在 Panasonic、Sony、東芝、日立（Hitachi）領軍之下，開始將許多電子功能內建於過去以機電工程為基礎的家電。洗衣機突然間多了電子顯示面板、電腦開關、合成顯示音，而不再是機械旋鈕與類比開關。

許多日本製造商與後來的韓國製造商，自行研發電子產品，歐美廠商則傾向於「緊守核心能力」，將電子電路的設計與製造外包給第三方，結果就是具備內部能力的廠商，有辦法搶先競爭者將新功能整合進產品，其他廠商只能追隨現有的市場潮流，納入市場早已習以為常的功能。北村吉弘與淺野健很快必須煩惱類似的問題：Recruit 打造內部的機器學習能力時，應該投資到何種程度？

走出科技巨人的影子

北村吉弘認為，Recruit 處於線下與線上活動的絕佳交會點。Recruit 不斷推出各式數位平台，顯然有能力從寶貴的數據中得出洞見。北村吉弘表示：「假設有一位客人坐在餐廳裡，這樣的線下活動會觸發線上資訊——例如調取這位客人的資料，了解她偏好的食物，或是清點廚房存貨，讓服務生知道應該主動推薦哪些餐點。」淺野健認為，未來應該整合線下與線上數據，消弭數位落差。「如果我們有辦法抓住這個第二波的數位化，搶在 Google、Facebook，甚至是 IBM之前，移除最後的界線，就能主導日本所有中小企業的這一塊。那將是我們的王牌。」

然而，Recruit 因為缺乏內部的數據科學家，進展因而受限。前一章提過，這也是先正達面臨的挑戰。因此，Recruit成為第一家與 Kaggle 合作的日商。Kaggle 是全球最大的數據專家社群，集合了約三十萬名人才。Recruit 與 Kaggle 合作，舉辦為時兩個半月的數據預測大賽。二○一五年，Recruit 更投資 DataRobot 公司。DataRobot 提供通用機器學習平台，利用大規模平行處理訓練與分析數千個開放原始碼語言的模型，包括 Python、Spark、H2O。Recruit 在十一月底終於決定全心投入數據科學，董事會宣布在矽谷成立人工智慧研究實驗室，由哈勒維博士（Dr. Alon Halevy）主持。哈勒維是從 Google 精挑細選出的人工智慧研究權威，他和許多同期的人一樣，支持開放原始碼以加快創新的腳步。在他的督導之下，所有的人工智慧研發都仰賴開放原始碼元件。此外，哈勒維還模仿 Recruit 既有的做法，讓旗下的研究人員前往各大企業。數據科學家不只是寫程式，還需隨時與顧客、銷售人員對話──這在矽谷算是奇怪的做法，卻是日本總部行之有年的慣例。

哈勒維告訴我：「我們擁有十分有趣的數據集，但手中沒有合適的工具。Recruit 是一流的服務提供者，但一直沒有全力專注於科技這一塊。Recruit 一直都致力於『想辦法讓服務變得更好』，不過現在我們心中有一個聲音，告訴我們一定要好好利用數據，帶來真正的改變。」淺野健同意這樣的說法：「Recruit 必須把高品質的數據轉換成價值。我們獨特的地方在於能全方位地觀察我們的顧客。」全心全意服務日常小型企業的北村吉弘面露微笑，興奮地大聲表示：「我們現在清楚看見商機，知道如何在我們選擇投入的產業投資新服務。」

第二次機器時代

　　我課堂上的主管們時常提到他們對於人工智慧的進展感到焦慮——變化速度實在太快，他們不敢委託單一供應商或採用任何標準，因為明天就可能冒出更好的解決方案。然而，正是因為我們生活在加速改變的世界，在機器智慧這一塊，我們得跟上腳步，這也是 Recruit 決定在內部成立人工智慧實驗室的根本原因。Recruit 實驗室的規模永遠比不上 Google，但也沒必要，管理階層很清楚 Recruit 至少要有能力以新的方式應用他人研發出的新技術。

　　近年來的一大重要進展，就是機器學習的方式已經改變。以前，如果要訓練華生成為仿生腫瘤科醫師，就必須採集六十萬份醫學證據，以及來自四十二本醫學期刊與臨床試驗的兩百萬頁文字[54]，其中包含兩萬五千個測試病例、一千五百個真實病例。[55]如此華生才知道如何擷取與詮釋醫生寫下的病例、實驗室結果、臨床研究。[56]讓智慧機器接受以病例為基礎的訓練，是相當累人又耗時的工程。MSK 癌症醫院專門負責的小組光是替華生準備訓練教材，就花了一年多時間[57]，而所謂的「訓練」，其實是每天都要執行的苦差事，包括數據清理、程式調校、結果校驗——有時累個半死，多數時候很無聊，整體而言平凡到很難稱得上激勵人心。MSK 醫院的電腦病理學家湯瑪斯・富赫斯（Thomas Fuchs）表示：「如果你要訓練一台車子自動駕駛，誰都能幫忙標註一棵樹或一個號誌，讓系統學著辨識。然而，在醫學專門領域，你需要接受過數十年訓練的專家，才能正確標註你要輸進電腦的資訊。」[58] 如果機器能夠自學，那不是太好了嗎？機器學習能否成為非監督式（unsupervised）的訓練？ Google 的 AlphaGo 證明非監督式的學習流程的確可行。

AlphaGo 能和人類下棋前，Google 的研究人員一直在訓練它打電動，例如〈太空侵略者〉（Space Invaders）、〈打磚塊〉（Breakout）、〈乒〉（Pong）等遊戲。[59] 不需要任何特定的程式設計，通用演算法就能透過試誤，掌握每一款遊戲——起初先隨機按下不同的鈕，接著調整至拿下最高分。軟體玩了一個又一個的遊戲，愈來愈厲害，有辦法找出適當策略，接著毫不出錯地加以應用。AlphaGo 不只是能思考的機器（和華生一樣），還能自己學習與擬定策略，不需要人類的直接監督。

「深度神經網絡」使通用演算法能夠成真——此種由硬體與軟體共同組成的網絡，模仿人腦內的神經元網絡。[60] 所謂的「強化學習」（reinforcement learning），就是正面的回饋會刺激神經傳導物質多巴胺的生成，給予我們大腦獎勵訊號，帶來感激與愉悅的感受。電腦也能以類似的原理設計。當演算法達成理想結果時，正面獎勵就是得到高分。AlphaGo 在這樣的通用架構下，自行透過多代的試誤隨機寫指令，以高分策略取代低分策略。演算法就是這樣教會自己玩任何遊戲，不只是圍棋。

強化學習的概念設計並不新，電腦科學家早在二十多年前就發現了，但一直要到運算能力突飛猛進後，「深度學習」才有辦法成真。[61] 強化學習透過前述的軟體設計，搭配直接規則與指令，讓機器能自主學習。AlphaGo 最驚人的地方，在於演算法能透過和調整後的自己對弈數百萬次，持續改善自身效能[62]，人類創造者不再需要介入，也無從得知演算法是如何達到設定的目標：我們看見數據進去，接著出現行動，但不曉得中間發生什麼事。簡單來講，人類程式設計師再也無法透過看著軟體程式，就能解釋機器的行為，就好像神經科學家無法靠盯著你的大腦磁振造影（MRI）掃描，就能解釋為什麼你想吃熱狗。人類創造出一個黑盒子，全知但無法被看透。

在第二場人機大戰，AlphaGo 在第三十七步的棋盤右方走法出人意表，就連李世乭也措手不及。曾三度在歐洲圍棋賽奪冠的樊麾觀看直播時指出：「我沒看過有人走那一步。」他驚歎連連：「這步太漂亮了。」[63] AlphaGo 擊敗李世乭一年後，接著又打敗中國棋王柯潔。柯潔在記者會上表示：「AlphaGo 進步得太快了。」他提到 AlphaGo 的棋路獨樹一格、有時到達無懈可擊的境界[64]，經常做出大膽犧牲，以執行最終得以致勝的策略。[65]「AlphaGo 去年的下棋方式還和人類很像，今年則有如圍棋之神。」[66]

人工智慧飛速發展，令許多人感到不安。特斯拉創辦人伊隆·馬斯克（Elon Musk）一度發表引發騷動的評論，說人工智慧「帶來的潛在威脅超過核武」[67]，還把研發比喻成「召喚惡魔」[68]，他捐贈數百萬美元給道德智庫 OpenAI[69]，也呼籲 Facebook 的祖克柏（Mark Zuckerberg）與 Google 的賴瑞‧佩吉（Larry Page）等科技億萬富翁，在做各種機器學習實驗時務必謹慎。蘋果共同創始人沃茲尼克（Steve Wozniak）也表達過關切[70]，他主張「未來對人類來講很嚇人、很不好。我們會是神嗎？我們會是家庭寵物嗎？也或者我們會是被踩過的螞蟻？」劍橋大學的理論物理學家霍金則提出最悲觀的預言，他告訴 BBC：「全面研發人工智慧終將導致人類滅亡。」[71]

此類憂心忡忡的預測或許言過其實，但很少人能否認，隨著我們一路奔向機器自動化的年代，能夠自學的演算法將在調節經濟活動的領域，扮演更重要的角色。當無處不在的感應器連線與行動裝置，和 AlphaGo 或 IBM 的華生等人工智慧彙整在一起，將發生什麼事？一群集合在一起的多功能自學演算法，能否控管全球的經濟交易？輝達（Nvidia）共同創始人暨執行長黃仁勳表示：「我認為接下來會發生相當不可思議的事，人工智慧將有辦法自己寫人工智慧。」。輝達出產的圖形處理器（GPU）可以處理深度學習所需的複雜計算，高速運算能力讓電腦得以看、聽、理解與學習。黃仁勳說：「未來的人工智慧將有辦法全天候監管每一筆交易──每一個業務流程。從這個角度來看，人工智慧軟體將寫下人工智慧軟體，自行自動化業務流程，人類辦不到，那太複雜了。」[72]

那樣的未來不是太遙遠。多年來，奇異公司一直在分析方面下工夫，利用現場不斷傳來的數據流，努力改善自家噴射發動機、風力發電機與鐵路機車的生產力。[73] 思科（Cisco）也已著手推動目標，將所有類型的數據傳至雲端，也就是所謂的「物聯網」。[74] 微軟、Google、IBM、Amazon 等科技巨擘正在透過第四章提過的應用程式介面，讓客戶自由使用內部研發的機器學習技術。相關的機器智慧從前必須耗資數百萬、甚至是數千萬美元研發，但現在第三方能以微不足道的成本重複使用，進一步促成業界全面採行。非監督式的演算法悄悄執行瞬時調整、自動最佳化，不斷改善愈來愈複雜的系統，組織之間的交易成本預計將大幅下降，甚至降至零。生產設備的備援將因此大幅減少，今日全球供應鏈相當常見的大量生產耗損將消失。一旦從銷售到工程，物流到事業營運，財務到客服，組織內外的業務交易加速協調，企業與企業之間的阻力將減少，從而出現更全面的市場合作。在交易成本接近零的經濟，「一站式」（one-stop shop）或「供應鏈最佳化」等傳統主張將不再具備差異化優勢，各行各業的小公司或新進者都能做到。

Netflix、Airbnb、Yelp 等新企業就是仰賴以上提到的便宜又強大的雲端運算。一直到最近，所有的網路事業都必須擁有與打造昂貴伺服器，以及資源密集的資料中心。然而，有了亞馬遜網路服務（Amazon Web Services, AWS）或微軟公用雲端服務平台 Azure 後，新創公司可以將全部的線上設備儲存在雲端，還能租借雲端功能與工具，基本上等同將自己所有的次要運算工作外包，再也不需要預測需求，也不必計畫產能——只需在需求上揚時添購服務即可。新創公司的工程團隊因此可以專心解決公司核心業務碰上的問題。[75] 同理，當我們不再需要那麼多資源也能協調組織時，規模太大就只會拖慢速度而已。大公司無法再靠垂直整合（公司持有與掌控自家的供應鏈）具備傳統優勢，趕上靈活小型對手的壓力因而倍增：小公司能專注於提供第一流的服務，訂單出現時就即時提供客製化的解決方案。換句話說，在第二次機器時代，大公司的動作必須和小公司一樣快，第七章將進一步探討這個主題。

人類該怎麼辦？

股神華倫・巴菲特（Warren Buffett）在二〇〇〇年被問到，為什麼不靠科技股賺錢，被尊稱為「奧馬哈先知」（Oracle of Omaha）的巴菲特和往常一樣回答：「我們不碰自己不懂的東西。」[76] 時間快轉到二〇一七年的波克夏・海瑟威（Berkshire Hathaway）股東大會，巴菲特坦承人工智慧可能「在某些領域造成就業機會大量減少」。[77] 沒有職缺的未來將考驗所有產業的所有管理者。

各位可以回想歐洲中世紀的僧侶。他們的工作是耗費無數年抄寫經文，但印刷機問世後，他們的技術突然無用武之地。二十一世紀的白領工作者未來將如何分擔認知工作？傳統的人類優勢正在快速消失，今日負責下決策的人士，例如「偵測」贗品的藝術鑑賞家，或是靠「火眼金睛」協助臨床診斷的醫學專家，可能很快就會被淘汰。

Recruit 的故事點出了一個備受爭議的領域：管理工作的本質。前文已稍微提到，Recruit 的行銷人員正在轉型成一般問題的解決者，因此我們要問的重要問題是：在機器人與大數據的年代，有什麼人類專長永遠不會被取代？下一章將討論這個今日最熱門的存在主義問題。

06

人類互動無可取代

紐約公宅計畫、奇異改造 MRI，都靠人類洞察力與同理心

沒有大膽的猜測，就沒有偉大的發現。

——牛頓（Isaac Newton）

難題與謎題之間

世上有兩種問題天天困擾著高階管理者。一種是「難題」（puzzle），一種是「謎題」（mystery）。對手即將採取什麼動作是「難題」，必須握有正確資料後，才有辦法解答。美國二〇一六年的總統大選時，俄國是否真的試圖影響結果，幫了川普一把，也是一道「難題」：除非能掌握更多資訊，否則實在難以得知答案。因此，解決難題的關鍵在於加強掌握情報的能力，以及更精確的計算。然而，愛因斯坦也說過：「我們無法用製造問題的思維來解決問題。」但這句話

並不是在抱怨找不到關鍵資訊，這方面 IBM 的華生可以做到近乎奇蹟的境界。愛因斯坦其實是在談一種新型的問題，需要轉換思維、用新方法看世界，才有辦法想出可能解決問題的方法。愛因斯坦說的，是第二種類型的問題：謎題。

商業的世界到處都是謎題，例如顧客真正需要的是什麼，通常是一個謎題。在多數情況下，企業主管利用各式各樣的工具，找出消費者的需求、渴望、欲望，例如深度焦點團體、大型抽樣調查、大數據、社群媒體。然而，這些做法有其限制，例如有時消費者也不曉得自己要什麼，甚至說不出自己的需求大概需要什麼樣的東西才能解決。有時則是產業現況過度僵化，沒人想得出不一樣的答案。也因此有一個常見的說法是，鐵路公司之所以陷入營運窘境，是因為它們讓別人搶走自己的顧客，包括汽車、卡車、飛機，甚至是電話。鐵路公司以為「自己做的是鐵路生意，但其實是運輸事業」。[1]

謎題的答案，不同於難題的解答，謎題的答案尚不存在，還在等人發想出來。電腦的強項是精確度與一致性，但電腦無法理解或整合跨領域的社會互動，也無法穿梭於線上與線下的數據，提出有用的假設來解釋人類行為，回答出：「為什麼？」

一九九五年，年輕的賈伯斯解釋蘋果如何研發麥金塔電腦（Macintosh）：[2]「問題出在你拿東西給顧客看的時候，行銷研究能告訴你顧客的看法，或是顧客希望你如何逐步改善你的東西，但顧客鮮少能預測他們還不知道自己想要的東西……因此需要有那種非漸進式的飛躍。然而，在不知道下一個突破點在哪的早期階段，市場研究很難指點你要做什麼樣的飛躍。」二十年後，一位編輯問賈伯斯，iPad 這個產品是採納多少市場調查的結果，他依舊回答：「零。」[3]

當然，如果你要發想下一個殺手級 app，有賈伯斯這種人在，生活會容易許多。然而，我們一般人該怎麼辦？天才是稀有動物，普通人到底要經過哪些努力，才有辦法靈光一閃？下一節將介紹的羅姍・哈格提（Rosanne Haggerty）經歷千辛萬苦，苦思如何解決紐約時代廣場的遊民問題。聽起來雖然矛盾，但在智慧機器年代，人類最大的優勢將是追根究柢，想辦法弄懂人類的處境。

高譚市的底層社會

紐約市諷刺的地方，就在於富人與窮人之間的距離非常近。時代廣場除了是必遊的觀光景點，也曾是美國史上遊民密度最高的地區。在一九八〇年代晚期，時代廣場是尋歡作樂的場所，人人都知道要看偷窺秀，找妓女，去那一區就對了。其中最龍蛇雜處的地方，聳立著破舊高大的時代廣場旅社（Times Square Hotel）。這棟十五層樓高的褐色磚造大樓內，到處是臨時性的小隔間。四乘六英尺大（約 121 公分×182 公分）的房間內，每一間掛著一個裸露的燈泡，空間只夠塞進一張窄床與置物櫃。高僅二・四公尺左右的牆壁，早已被香菸薰到泛黃，牆面到天花板之間的空隙，由搖搖欲墜的鐵絲網補足。發霉的地上散落著垃圾與裝古柯鹼的瓶子。

時代廣場旅社早已破產多年。法院指派的行政人員漫不經心地管理著那個地方，大樓本身違反一千七百多條建築法規，瀕臨被認定為危樓、強制拆除的狀態。旅社裡住著兩百多位獨居者，大多是老人，有的患有精神疾病，有的是越戰退伍軍人。令人為難的是整棟旅館雖然破爛，但要是真的拆除，只會導致附近擠滿更多遊民。哈格提回憶：「時代廣場旅社是紐約市最大的單人旅社（single-room occupancy hotel，譯註：美國貧窮無家者的居住設施，臨時工的窩身之處），又大又顯眼，我忍不住會想，我可以做點什麼。」[4]

哈格提眼神銳利，金髮及肩，說起話來像位高權重的企業主管，拘謹有禮，字斟句酌，但鏗鏘有力，不像想像中熱愛人群的社會運動人士。依據《華爾街日報雜誌》（*WSJ Magazine*）的介紹，哈格提在康乃狄克州哈特福（Hartford）郊區長大，十七歲時父親過世，從此肩負起照顧七個弟弟妹妹的責任。她大學在阿默斯特（Amherst）主修美國研究，畢業論文探討的是隱修士暨社會評論家多瑪斯・牟敦（Thomas Merton）。出社會後，她在慈善機構「聖約家園」（Covenant House）當義工，照顧無家可歸的青少年，地點就在時代廣場第四十三街。此外，她很快就加入天主教慈善會，學習申請政府新通過的「低收入住房稅額減免計劃」（Low Income

Housing Tax Credit, LIHTC）。

　　「低收入住房稅額減免計劃」是一九八六年稅務改革法案底下的等額免稅額（dollar-for-dollar tax credit），鼓勵私部門替低收入國民開發平價住宅。哈格提表示：「一部分算是機緣，那是相當新的方案，知道如何利用的人不多。」[5]哈格提遊說大型非營利組織與大型企業，提議改造時代廣場旅社。她的熱忱感動了許多人，但沒有人真的伸出援手，因此她在一九九〇年自行成立協會，最初的名字叫「共通點」（Common Ground），今日則更名為「破土」（Breaking Ground）。哈格提讓「低收入住房稅額減免計劃」變成資金來源，取得聯邦、州與市政府層級的補助，召集摩根大通（JPMorgan）、班傑瑞冰淇淋（Ben & Jerry's）等具備冒險精神的投資者，一起收購與整修時代廣場旅社。

　　時代廣場旅社在一九九三年重新開張，六百五十二間房間變成設備最新穎的低收入單身成人支持設施。哈格提強調：「單人旅社常見的髒亂環境是很大的管理問題。」[6]她認為公共住宅計劃要成功，一定要有「良好的設計與認真的管理」，提供住戶支持性服務。時代廣場旅社有屋頂花園、電腦室，還有修復原貌的大廳，保留了最初的大吊燈。此外還有嚴密的安全系統、醫療設施、餐廳、圖書館、畫室。心理醫師與治療師也進駐旅社，提供健康照護與職能訓練等輔導服務，協助住戶找回自己的人生。[7]哈格提強調：「多年來，這座得獎的設施成為以不同方法做事的典範。我們做的就是協助人們成功。」一九九四年四月十五日，班傑瑞冰淇淋的兩位創始人班・柯恩（Ben Cohen）和傑瑞・葛林菲爾德（Jerry Greenfield），在時代廣場旅社一樓開設冰淇淋店，贈送三千支左右的甜筒，店內的營運就由樓上住戶負責，在接下來十五年屹立不搖。那間店太成功，後來還進駐洛克斐勒中心（Rockefeller Center）的子機構。[8]

然而，時代廣場旅社一帶的遊民對哈格提來說依舊是個謎題。她成立的共通點組織廣受好評，獲得專業認可，旅社的開發方式也很創新，一切看似都很順利，但哈格提發現睡在時代廣場旅社前的遊民並未大幅減少。一九九八年五月一天早上，哈格提接到地方醫院急診室打來的電話。電話另一頭的社工人員說：「請問是共通點的主持人哈格提女士嗎？我們這裡有一位病患將您列為最近的親屬。我們猜她是遊民，至少應該是住在時代廣場。」「好的。」哈格提沒有多問，換上外出服，前往醫院。

哈格提回憶：「每一天，我們都看到那位老態龍鍾的女士，推著硬紙板從三十四街走到時代廣場。雖然我們從來不曉得她的名字，我們全都認得她，好幾年了。我們立刻把她從醫院帶回我們的住屋設施，我問她先前怎麼不申請我們的服務，她微笑著告訴我們：『你們沒有問過我啊。』」事情有哪裡不對勁。哈格提最初最想幫助的人，自己的組織反而幫不到他們的忙。不知怎麼的，系統沒聽見最需要幫助人士的呼喚。如果說就連運作得相當成功的支持性住宅，也無法真正減少地方上的遊民數量，一切的努力究竟是為了什麼？

真正重要的數字

多數的社會工作者都相信輸送帶模式，也就是處理遊民問題要循序漸進，先讓他們從街頭住進收容所，再從收容所住進永久性住宅：只要讓街上遊民知道收容所的存在，他們自然就會受到吸引，而住在收容所的人，自然會想搬進永久性住宅。只要規則訂清楚了，也提供選項給遊民了，一切就會水到渠成。很少有服務機構懷疑這個基本假設，但任何有經驗的社工都會承認，有一群人會抗拒社會服務──那些無家可歸的人不願意進收容所，就連在紐約酷寒無比的冬日也一樣。共通點組織在二○○一年實驗了一項推廣計劃：在冬天的午夜計算街上遊民人數，直接評估這個族群的人數。

找出不願意接受社會服務的人士，聽起來有點不可思議。紐約市有數十個組織以各種方式協助遊民。醫院提供急診室與戒毒服務；距離時代廣場僅十五個街區的地方，就有一個大型的慈善廚房；信仰組織的善心義工，也定期從附近的郊區抵達曼哈頓，在半夜提供食物給飢民。然而，在一個寒冷的一月晚上，哈格提的團隊發現，居然有四百人多人睡在時代廣場地上。

不論是從慈善的角度，或從財政的角度看，解決遊民問題都是當務之急。在街上遊蕩的人們，通常會消耗龐大的公共資源，穆睿‧巴爾（Murray Barr）就是典型的例子。巴爾幾乎在雷諾（Reno）的街上待了一輩子，為了治療他的物質濫用問題、付他進出急診室的錢，以及其他服務，十年間就耗費內華達州納稅人一百萬美元。然而，內華達州花在住宅服務上的錢，卻不到那個數目。雷諾警察局的歐布萊恩警官（O'Bryan）表示：「我們因為袖手旁觀，浪費掉一百萬。」[9]舊金山的研究也發現，提供遊民穩定住所，可以讓進出急診室的次數下降 56%。加州大學研究人員發現，十八個月間，十五個遊民的醫療費與執法費用，就會花掉納稅人一百五十萬美元以上。全美的高成本醫療補助計劃（Medicaid）成員中，近三分之二是遊民或居無定所者。

當共通點組織開始訪談第一批遊民時，他們很意外地發現許多遊民都對收容所很反感。遊民討厭收容所，潮濕陰暗的環境裡充滿尿騷味，到處是酒精、毒品、清醒程度不一的陌生人，並沒有比街上安全多少。在街上，遊民互相認識，互相告知哪裡可以找到食物，哪裡可以每星期沖一次澡，傳授掙扎活下去的方法。住在街上雖然有許多問題，但遊民同樣珍惜自由，說什麼都不肯放棄獨立自主的生活。他們認為社會服務機構定下的規矩通常沒什麼道理，也極度不尊重人。許多人認為自己無法擺脫遊民身分，問題純粹出在現行的官僚制度。舉例來說，如果要申請到津貼住宅，你得繳交出生證明、收入證明、信用證明文件或六個月的無吸毒酗酒的證明——這對已經在街上生活數年的人來講，幾乎是不可能的任務。哈格提表示：「在遊民心中，收容所是講空話的地方，設下重重阻礙不讓他們有地方住，光是入住條件就排除了最需要協助的人」。[10]

　　共通點組織聽到遊民的心聲後，採取合乎邏輯的步驟，針對不願意接受社會服務的人們，擬定「從街頭到有家計劃」（Street-to-Home）。目標是先找出這群人，接著判斷怎麼做才能讓他們接受安置：「我去接觸一般想不到的人，請出乎意料的人來解開這道謎題。」[11] 哈格提找來了貝琪‧坎尼斯（Becky Kanis）。坎尼斯畢業於西點軍校，曾在部隊擔任特種作戰指揮官與軍事情報官。「我突然意識到，我們必須請沒有先入為主觀念的人來看這個問題。」[12] 哈格提交給坎尼斯的任務是在三年內減少時代廣場三分之二的遊民。[13] 坎尼斯立刻組織一個優秀義工團，詢問遊民是否需要食物、醫療協助、財務支援、工作、收容所、輔導或住屋。團隊的任務是以新方法應對現行制度，想辦法走出官僚體制構成的迷宮，包括進行醫療篩檢、接受心理評估、申請社會福利或失能補助、取得收入證明等等。坎尼斯的團隊盡可能簡化申請流程，對抗繁瑣的法規。因為福利法規通常歧視法規原本該協助的人。

　　在此同時，共通點組織也替第三棟公共住宅剪綵。這次是全新整修過的安德魯旅社（Andrews Hotel）。安德魯旅社曾是曼哈頓下城區惡名昭彰的包厘街（Bowery）同義詞。安德魯旅社不同於提供長期租約的時代廣場旅社，僅提供暫時的短期住所，協助需要「第一步」（first step）服務的遊民，也因此能夠採取簡化許多的入住程序：不需要提供神智清醒證明，沒有宵禁，不強制勒戒與接受其他支持性服務。安德魯旅社提供現場服務，但如果入住者不想要，也不必接受。「從街頭到有家計劃」執行的第一年，坎尼斯的團隊成功說服四十三位先前抗拒收容所的遊民，提供他們住處，感覺協助遊民的計劃終於要成功了，然而哈格提與坎尼斯很快就發現，自己要學的事還很多。減少地方遊民數量是極為艱鉅的任務。

進一步，退兩步

前兩章提過，連會計、放射學、法律、新聞、股票交易等主流產業，眼看也終將被人工智慧自動化取代。本章介紹的領域則正好相反，依舊需要靠判斷力、創意、同理心，也就是人類心智勝過電腦的活動。牛津大學的弗雷（Benedikt Frey）與奧斯朋（Michael Osborne）所做的研究指出，休閒治療師、運動傷害防護員、神職人員等職業相對不受自動化影響，主要原因是相關工作需要大量的人際互動，本質與人際關係有關。[14] 至於交易型、重複型的工作則是會被機器人取代的高風險職業，例如房地產仲介、審計師、電銷人員。[15]哈格提即將面臨的挫敗顯示，世上有些棘手的難題，依舊只有人類的心靈能夠解決。

共通點組織推出「從街頭到有家計劃」一年後，曾經二次在半夜數人頭，結果發現街上的遊民數不但沒有減少，反

倒大增 17%。糟糕的統計數字讓哈格提不解，整個計劃因此
喊停：「從街頭到有家計劃」的基本概念一定有問題，或者執
行時出錯了。當時的計劃負責人詹姆士‧麥可羅斯基（James
McCloskey）直覺認為他們可能依舊瞄準了錯誤對象，於是
做了一個大膽的舉動。他帶著團隊成員連續四週每天早上五
點鐘走訪街頭，記錄睡在時代廣場周圍二十個街區的人，寫
下他們的名字，配上每個人的照片。那年冬天，團隊在街上
一共找到五十五位遊民。麥可羅斯基發現其中只有十八人固
定睡在時代廣場，其他人則有時會來，不一定永遠處於無家
可歸的狀態。換句話說，那十八個人才是附近真正的長期遊
民，也是最需要協助的人，但不知為何，「從街頭到有家計
劃」一直沒發現他們的存在。

　　麥可羅斯基的發現十分重要，因為當時公共服務尚無
「長期無家可歸」（chronic homelessness）一詞。大多數的服務
機構都以幾乎完全一樣的方式，處理每一位遊民的問題。哈
格提表示：「這就好像醫院急診室的醫師宣布：『每一個人都
病得一樣重』，當然不可能是那樣。」統計數據並未區分暫
時性與長期性的無家可歸，也因此可以解釋為什麼相較於前
一年，遊民數量並未減少。團隊揭曉的事實是底層社會中，
有一群沒有任何人發現的長期遊民。光是讓遊民輕鬆就能住
進共通點組織還不夠。如果沒有瞄準特定對象，目前的制度
永遠照顧不到長期的無家可歸者。

　　「從街頭到有家計劃」為了專心協助這個族群，不再接

受第三方轉介而來的遊民。相關的推廣組織原本友好地與哈格提合作，一下子變臉了。哈格提告訴我：「所有的合作夥伴原本一直都會把人介紹到我們這邊。突然間，我們宣布暫停所有合作，只專心處理最困難的案子。合作夥伴氣急敗壞，大聲抗議，抱怨我們冷血無情。但我們說：『我們只處理最棘手的案子，簡單的你們本來就在做，你們應該繼續自己努力。』」「從街頭到有家」團隊接著投身於讓那十八位遊民願意離開街頭。他們平均已經在街上待了十四年之久，時代廣場的每一家商店、警員、服務機構幾乎全都認識他們。他們全都吸毒、酗酒，有健康問題，先前至少有一個以上的推廣團隊接觸過他們，但沒人想接手他們的案子，或至少目前為止沒人成功過。他們是最棘手的一群人。

　　哈格提猜想，要是能讓這群「傳奇老前輩」願意離開街頭，就能證明棘手問題其實有解，進而帶來漣漪效應，刺激地方改變。「你可以視若無睹地走過哈林區某個陌生人身邊，但一旦你知道那個人叫艾德，他打過越戰，得了癌症，你就再也無法置身事外。」[16] 一年後，開始出現激勵人心的成效。一如設想，全心提供老前輩遊民真正需要的東西後──一個住處，而不是收容所──街上的短期遊民也開始願意尋求協助。「住所優先」（housing first）的策略出現成效。二〇〇六年，「從街頭到有家」讓時代廣場在一年間遊民數量減少75％，隔年再減少50％，一共讓遊民數量減少了87％，附近的二十個街區也減少43％。此外，這樣的成效也讓紐約市政府全面改變推廣合作的方式，市長彭博（Michael Bloomberg）決定自二〇〇七年起，紐約五個行政區全部採取共通點組織的做法，開啟新的時代，社服機構逐漸從強調提供了哪些服務，走向有數字為證的成效。「從街頭到有家計劃」這個先驅令人敬佩，靠著八名員工與三十五萬美元的預算，一路走到今日。

當然，一個人會無家可歸，背後永遠有數個成因。健康問題、藥物依賴、家庭暴力都可能重重打擊薪貧族，停滯的薪資與飛漲的房租，也可能使人淪落街頭。二〇〇〇年至二〇一四年間，紐約市的中位數房租增加19％，家戶收入卻減少6.3％。[17] 同一時期，紐約市的平價或租金被管制（rent-stabilized）的租屋單位則減少數十萬。[18] 大環境使薪貧族更容易淪為下流。一旦失業或碰上醫療緊急狀況，就可能被房東趕出去或房子被拍賣。不過不管怎麼說，整體趨勢並未掩蓋一個不可否認的深層現象——長期的無家可歸者在許多方面都是遊民的意見領袖。哈格提證明了自己始終假設的漣漪效應。要大幅減少地方上的遊民，一定得將有限的資源優先協助處境最困難的一群人，而不再因為他們最難處理而躲著他們。也就是說，從許多方面來看，哈格提的團隊翻轉了其他社會服務機構長久以來的做法。

共通點組織不同於其他傳統做法的地方，在於堅持關心一度被視為「社福抗拒者」的生活情況。共通點組織並未預先假設改變政策能幫上的忙，也不以紙上談兵的方式設想遊民需要什麼，而是實際走訪街頭，把自己放在長期無家可歸者的世界。共通點組織的成員不去批判，暫時先不分析，只依據近距離的觀察與專心聆聽來下結論，接著才開始想出具效果的解決方案。紐約市人力資源管理暨社會服務部的部長史蒂芬·班克斯（Steven Banks）表示：「固定住所與支持性服務的組合發揮奇效，讓社會安全網通常會漏掉的民眾，有辦法回歸穩定生活，朝前方的人生邁進。」[19]

靠同理心理解謎團

紐約市庫珀休伊特國立設計博物館（Cooper-Hewitt National Design Museum）已經過世的館長比爾·摩格理吉（Bill Moggridge）說過：「工程師從技術著手，替技術尋找用途；商業人士從商業提案出發，再尋找需要的技術與人才。設計師則從人出發，從人的角度想出解決方案。」[20] 全球最大的設計公司 IDEO 執行長提姆·布朗（Tim Brown）又更進一步，指出設計思考「不只與風格有關」，而是要成為最終使用者「肚子裡的蛔蟲」，透過人類學家仔細觀察的同理心，發想出創意。史丹佛大學通常簡稱為「d.school」的「哈索普拉特納設計學院」（Hasso Plattner Institute of Design），傳授設計思考的兩個基本元素：一是「同理心」，了解設計必須顧到的人類感受、目標與需求；二是「快速原型」，快速打造出便宜的解決方案，接著依據使用者的行為與建議，快速更新。

　　雖然哈格提是無師自通，好消息是所有人都能學習設計思考。一旦學會，有能力解開人類行為提供的迷你線索，就能和共通點組織一樣破解謎題，或是以工業工程師的身分帶給世人更好的醫療裝置。

　　道格・迪茲（Doug Dietz）是講話輕柔的美國中西部人，人很和氣，總是笑咪咪的，他在奇異公司二十四年，在子公司奇異醫療（GE Healthcare）擔任工業設計師，設計內容包括機器的整體機殼、控制功能、面板與病患移動設備。因為地方上的醫院剛裝設一台新的 MRI 核磁共振掃描儀，迪茲前去拜訪。[21]

　　對兒童病房平日情形所知不多的迪茲回憶：「走廊上有一對年輕夫婦帶著女兒，他們走近時，我發現小女孩在哭。他們又走得更近一點時，我留意到那位父親彎下腰叮嚀女兒：『不要忘了，我們講好了，妳要勇敢。』」[22] MRI 開始發出轟隆隆的聲響，小女孩開始哭。迪茲接著得知，醫院通常會給年幼的患者施打鎮靜劑，因為他們通常會害怕到在機器裡亂動，無法好好做檢查。高達八成的病患需要全身麻醉。[23]

　　迪茲目睹自己的救人機器，居然帶來那麼大的焦慮與恐懼，決心重新設計造影檢查的體驗。迪茲的主管從前任職於寶僑時，曾造訪史丹佛的設計學院，因此他建議迪茲飛到加州參加一星期的工作坊。迪茲知道自己沒辦法發起大型的研發專案，重頭開始設計新型 MRI 儀器，但在設計學院時，他學到可以用以人為本的精神重新設計體驗。接下來五年，迪茲和新團隊請教地方的兒童博物館人員、醫院員工、家長與孩子，打造出許多原型，讓自己的概念能被看到、摸到與體驗。[24] 迪茲和兒童病患一起進行測驗與評估，訪問小朋友的父母，找出哪些東西行得通、哪些行不通，不斷想出更多點子，不斷實驗，不斷推出新版本。

迪茲最終推出「探險系列」（Adventure Series）MRI 掃描儀，小朋友接受掃描的過程就像是前往幻想世界探險。醫院病房化身為「海盜島」（Pirate Island）、「叢林探險」（Jungle Adventure）、「溫馨營地」（Cozy Camp）、「珊瑚城市」（Coral City）。[25] 在其中一個探險之旅，孩子爬上 MRI 掃描儀漆成獨木舟的輸送台，躺下後，儀器平日嚇人的「碰碰碰」噪音，變成冒險旅程的一部分──那是想像世界中獨木舟出發的聲音。迪茲表示：「他們告訴孩子不要晃動小船。如果身體保持不動，魚兒就會開始飛過眼前。」[26] 孩子們愛死了這個體驗，還求爸媽讓他們再搭一次。檢查的麻醉率減少了八成，家長滿意度更是上升驚人的九成。[27] 一位母親表示，她六歲的女兒在 MRI「海盜船」接受完掃描後，立刻跑來拉她裙子，小聲問：「媽咪，我們明天可以再過來嗎？」[28]

劃時代的設計，正是起源於這樣的小數據（small data）：在一個孩子身上觀察到的人類行為小線索。[29] 迪茲所掌握的人情味，讓痛苦的折磨變成有趣的活動，奇異公司的業績連帶起飛。如同哈格提面對遊民問題的例子，細膩的觀察結果被好好應用後，就能改變產業如何看待顧客、終端用戶、產品與服務。不過最重要的一點，或許是人類心智在這兩個例子中發揮的創意。人類大腦經過數百萬年的天擇演化後，特別擅長處理模稜兩可的複雜情境，在這種情境中，需要具備的能力已經從物質世界轉到了社會領域。天文物理學家泰森（Neil deGrasse Tyson）說：「在科學的領域，當我們把人類行為納入方程式考量，就會得出非線性的結果。這就是為什麼物理學很簡單，社會學很難。」[30] 隨著智慧機器興起，管理者必須利用基本的人類優勢，持續發揮創意。有歷史的組織也必須想出新方法放大人類創意，讓公司也能像迪茲施展創意那樣成功跳躍。要維持競爭力，光是依賴少數幾個創意人士還不夠，每個人都必須展現創意。那就是人類朝二十一世紀下半葉邁進時，寶僑決心要培養的事：解放全體的管理創造力（managerial creativity）。

增強寶僑的創造力

二○○○年六月，艾倫‧G‧雷夫利（Alan G. Lafley，又稱 A. G.）即將取代杜克‧I‧賈格爾（Durk I. Jager）成為寶僑執行長。當時寶僑的股價一落千丈[31]，經過與紐澤西藥廠華納蘭伯特（Warner-Lambert）烏煙瘴氣的購併案後，投資人懲罰寶僑，公司股價暴跌兩成。[32] 那年三月，寶僑發布盈利警告，預測該年獲利將低於預期。[33] 接著在六月，寶僑再度未能達到下修後的預期盈餘，落後目標 15％。[34] 寶僑的股價在四個月內腰斬一半以上，市值蒸發七百五十億美元。[35]

任誰也承受不了這樣的壓力，執行長賈格爾任期還不滿十八個月，便宣布即將下台。

公司股價直直落，投資人失去信心，新任執行長雷夫利只能大刀闊斧，力挽狂瀾，裁員，收掉表現不佳的品牌，砍掉新產品。然而，此類緊急做法或許短期內能看見效果，其實並未解決任何根本問題。寶僑的批准流程疊床架屋，和許多保守公司一樣，「每一件事都要測試到沒完沒了」[36]，產品線缺乏新意，產品組合表現下滑，吸引不了新顧客上門。就連幫寶適（Pampers）、汰漬、佳潔士（Crest）等旗下最出色的品牌，也都出現疲態好幾年了。寶僑不能只是全面瘦身，還需要憑藉新的知識基礎得出有用的洞見，再次帶來新成長。「寶僑人」需要設計思考的救援。

意想不到的人選

雷夫利在事業早期曾在日本待過幾年。日本是高度以設計為導向的國度，雷夫利耳濡目染，堅信近距離觀察的力量，從不信任「遠距研究法」——例如將焦點團體請進公司會議室，或是舉行請民眾填答的大型抽樣調查。雷夫利表示：「你〔改成〕進入人們的家裡時，就會發現研究調查找不出的那些看似無關緊要但值得關注的事——例如女性為了怕弄斷指甲，努力用螺絲起子硬拆汰漬的包裝。」[37] 寶僑顯然無法光靠技術與行銷來競爭，還需透過設計提供卓越體驗。[38]

新任執行長為了「將設計內建於公司 DNA 之中」，在

二〇〇一年選中克勞蒂亞・科奇卡（Claudia Kotchka）擔任
設計長。科奇卡在寶僑待了二十二年，說話特色是不時冒
出「太棒了」、「太好了」等驚歎語。她起初在今日已歇業
的安達信會計事務所（Arthur Andersen）當會計師[39]，但覺
得一成不變的數字審核太無聊，開始嘗試品牌管理，接著進
入行銷領域，最後掌管寶僑的包裝設計部門。雷夫利選中科
奇卡，是因為她除了懂營運事務，也會講設計的語言。[40] 科
奇卡為了增進寶僑對設計的理解，開始拿其他遠遠更懂設計
的公司與寶僑比較，美泰兒（Mattel）與 Nike 成為新的參照
點。接下來，科奇卡打造設計專家網絡，成立正式審查委員
會，請來世界級的設計師擔任委員，例如 IDEO 的執行長布
朗，以及 Gap 的行銷執行副總裁艾維・羅斯（Ivy Ross）。
此外，科奇卡還請到三大所長鼎力相助：史丹佛設計學院
的大衛・凱利（David Kelley）、伊利諾理工學院設計研究院
（the Institute of Design at Illinois Institute of Technology）的派
崔克・惠特尼（Patrick Whitney）、多倫多大學羅特曼管理
學院（Rotman School of Management）的羅格・馬丁（Roger
Martin）。科奇卡指出：「外部委員會成功了，因為成員不求
個人利益，也沒有過去的包袱。」[41]

鼓勵設計精神

為了克服內部阻力，他們把設計思考定位成能以證實
有效的方法，拯救陷入困境的公司。公司如果不願意採取設

計思考，硬塞也沒用。科奇卡於是決定從人們原本就感興趣的地方做起，而沒有挑其實最需要設計思考的領域。此外，親眼見證與實際體驗也是過程中的一環。二〇〇三年，雷夫利帶著寶僑的全球領導團隊一共三十五人前往位於舊金山的 IDEO 設計公司，團隊在那裡待了一天半。雷夫利表示：「〔我們的〕工程師以往在研發產品時，直到他們準備好向世人揭曉之前，非常不喜歡實驗室出現任何外人。」[42] 科奇卡呼應這個說法：「我們努力推廣的精神，就是示範、示範與示範。」[43] 初期的嘗試之一，就是幫不耐煩的消費者解決惱人的清潔瑣事。公司指示團隊專心研究「極端使用者」（extreme user），上至會用自己的指甲去摳瓷磚縫髒污的專業房屋清潔人員、下至那些認為用一根棍子頂著一塊髒抹布，在地板上隨便擦一擦就叫掃廁所的四個單身漢。如果連極端使用者都滿意寶僑的產品，寶僑就擊出全壘打了。團隊想出的點子中，有一個很快就讓人看見機會：一種裝在可拆卸的桿子上、有辦法伸到淋浴間牆壁上方與死角的清潔工具。

接下來十八個月，團隊以破紀錄的時間，做到數次產品迭代，推出可以清理浴室的「魔力延伸清潔先生」（Mr. Clean Magic Reach）。家居設計經理瑞奇‧哈波（Rich Harper）指著連接握桿與清潔頭的藍色接頭，說明藍色會令人聯想到「清潔」，這種不經意的訊號可以協助消費者理解產品。此外，清潔刷頭正確卡進握把時會發出的「啪」一聲，也是重要的設計元素：「一個設計好不好，就看那樣的小細節。」[44]

至於藍色泡棉刷頭上的圓洞，哈波坦承那沒有任何實際的功能，只是為了說服消費者，清潔頭真的有辦法塞進馬桶後方的小空間。那桿子為什麼是銀色的？為了呼應清潔先生這個品牌所強調的「魔法」。

消費者相當喜歡「魔力延伸清潔先生」的原型，有的人試用後甚至拒絕歸還。團隊無意間聽到一位女性表示，這個清潔用品「引發了她的貪念」。「魔力延伸清潔先生」二〇〇五年上市，雖然並未大賣特賣，銷量已經好到足以鼓勵公司管理者換個方式思考創新，願意嘗試液體洗潔精以外的產品，最終促成熱銷品「清潔先生神奇去污海綿」（Mr. Clean Magic Eraser）問世。[45] 另一個例子是 Kandoo 濕紙巾，小朋友按下盒子上的鈕，就能輕鬆取出紙巾。科奇卡說：「我們觀察正在接受如廁訓練的孩子，他們會說：『我要自己來』，所以我們開始想：『好，我們知道如何製造品質良好的濕紙巾——我們可以怎麼做，讓孩子自己擦屁股？』我們打造出這種蓋子會跳起來的聰明紙巾盒，小朋友用一隻手就能拿到紙巾，全都搶著用。」[46] 媽媽也喜歡 Kandoo，小孩抽衛生紙時，就不會弄得亂七八糟，浪費一整卷的衛生紙。Kandoo 在歐洲大受歡迎，接著也在美國上市。不久後，公司又推出瓶裝洗手乳，也是讓小朋友一手就能操作，按下壓頭，肥皂泡沫就會跑出來。不僅讓孩子養成好習慣，又不會浪費肥皂。

設計思考可以解放創意，因此科奇卡盡量讓公司所有人都能有這樣的體驗。「我的口頭禪是『不要用講的，秀出來給大家看』。」[47]

改變情境

　　同一時間，執行長雷夫利努力改變組織規範，身體力行，親自示範設計思考。每次出差時，他都會花更多時間進行深度家庭拜訪。有一次他再度前往中國，堅持靠翻譯人員，與在河邊洗衣的農婦聊天，了解她們如何使用洗衣精。此外，雷夫利還調整數個關鍵程序，包括審查事業策略的方式。他回憶：「十、二十、三十年前，你會拿到厚達五公分左右的簡報書。」[48] 公司每一個產品類別的總裁都要展現絕對的自信，不論資深管理階層拋出什麼問題，全都要能回答。雷夫利沉思：「我猜那種做法，大概和其他很多產業與公司沒什麼不同。」

　　雷夫利認為必須設計新流程，才能反映出策略對話正在改變的本質。新型的對話需要更多的探索與創意，少一點針鋒相對。新做法是公司主管必須在召開任何的策略審查前，提早兩星期繳交投影片，雷夫利會閱讀內容，列出他希望在會議上討論的簡短問題清單。雷夫利強調自己想見到討論，而不是簡報。主管只需要多帶三張紙——表格、圖、筆記，就能前往審查會議。雷夫利認為強迫主管與資深管理階層互拋點子，可以鼓勵他們大膽跳躍，想出開創性的點子。「我們試圖促成對話，帶來聚焦於關鍵議題的討論……我們有點子嗎？我們有專利技術嗎？我們有原型嗎？我們有沒有透過部分消費者不斷改良產品,曉得某個產品有潛力?」如果某個案子已經在發展階段,對話採取的方向則是:「關鍵里程碑是什麼?殺手議題是什麼?如果做對了,就能成功的那一個、兩個、三個最重要的關鍵議題是什麼?如果沒做對,就要中止計劃、把公司資源改用在其他地方的關鍵議題又是什麼?」[49]

寶僑在二〇〇〇年至二〇〇八年間,營收大增一倍以上,自四百億美元躍升至八百三十億,利潤也自二十五億增加至超過一百二十億。這種成長力道通常發生在 IT 公司或新興市場上的企業,而不是俄亥俄州辛辛那堤有近兩百年歷史的肥皂公司。[50] 科奇卡只是遵守一個簡單大原則:「大型組織若要順利擴大規模,它們會想辦法讓一千人一次前進一尺,而不是讓一個人前進千尺。」[51]

人類的角色是什麼?

我碰過的企業主管經常認為,機器自動化將導致大量失業或「沒有工作的未來」,尤其是與前一章人工智慧有關的自動化。[52] 然而這樣的末日景象,並未考量到在演算法年代一項持續存在、不可或缺的資源:人類心智的創意。共通點組織的哈格提仰賴人類的聰明才智,找出長期無家可歸者的問題癥結,順道解決了我們最棘手的社會問題。奇異公司的迪茲在醫院深入理解病童,寶僑的科奇卡宣揚設計思考,大規模分析消費者行為。

麻省理工學院（MIT）經濟學家大衛・奧托（David Autor）寫道：「記者與專家評論員高估了機器取代人力的程度，沒提到機器其實是一大助力，可以協助增加生產力，提高收入，增加技術勞工的需求。如果是無法被電腦化取代的事務，機器通常是人類的好幫手。」[53] 人工智慧、機器學習、認知運算最後可能帶來輔助效果，或是帶來人類會被取代的壓力，結局究竟是哪一種，並未預先注定好。阿圖・葛文德醫師（Atul Gawande）解釋究竟為什麼在人工智慧年代，人類互動依舊具備至高無上的重要性。身兼知名外科醫師、作家、公衛研究人員的葛文德，請大家想像發生在地方診所的一個簡單場景──有病患抱怨：「我身體會痛。」醫生問：「哪裡痛？」病患指著一個地方：「嗯，大概是在這裡。」「你是說胸廓下方？還是胸部？還是你的胃？……」葛文德醫師認為，這種親密的互動，重點是醫生在觸診時，病患說出自己的故事。「這更接近一種敘事，不只是直截了當的數據集。」醫師「不僅需要請你脫衣服，接著還會請你同意切開你，在你體內進行〔他〕選擇的療法。」[54] 信任、同理心、對話使健康照護充滿人性，只有人類能完全掌握同情、自尊、尷尬、嫉妒、正義與團結的意義。

　　儘管人們寄予厚望，今日的專家系統，其實依舊以主要工作職能為基礎，也僅有專業人員在使用，例如 IBM 華生的應用程式是為了肺臟腫瘤科醫師所設計。有的人工智慧系統協助皮膚科醫師診斷黑色素瘤，區分癌症與粉刺、疹子、痣等良性皮膚狀況。有的人工智慧系統可以替放射師解讀乳房攝影結果，篩選癌症。每一種專門系統都威力強大，但依舊需要人類來詮釋數據與選擇該使用的系統。病患身上帶有四種資訊：DNA、郵遞區號（我們住在哪一區提供了許多社經地位的資訊）、個人的行為模式，以及其他顯示出他們能接受哪些健康照護選項的資訊。有的資訊可以上網蒐集，有的可以透過內建的感應器與手機蒐集，有的則永遠是沒上線的資訊。事實上，若要設置跑得順的系統，原則上聽起來很簡單——就像 AlphaGo 一樣，只需要輸入數據，讓系統找出關聯就成功了——然而實際上困難重重，就連有強大電腦科學背景的人士都感到苦惱。[55]

出於種種原因，人工智慧和過去許多技術一樣，事實上是一種強化技術（augmentation technology）。人工智慧承載著世界級的知識與專家直覺，提供專業知識與協助，輔助專業人士，但光有機器無法解決謎題。電腦科學家與自駕車先驅賽巴斯汀‧特倫（Sebastian Thrun）解釋：「使用電話是在增強人類說話的功率。你無法在紐約大喊，讓加州也能聽到，但有了你手中那個長型裝置後，人類的聲音就能傳送三千里。電話是否就此取代人類的聲音？沒有。手機是一種增強裝置。」[56]

從這個角度來看，人工智慧的本質可說是被去神秘化。商業世界其實充滿類似的前例。曾經有一個年代，零售銀行的信用卡辦公室評估是否核准個人貸款的申請時，靠的是銀行人員自身的經驗，有時再加上銀行的方針與政策。一九五六年，比爾・費爾（Bill Fair）與厄爾・艾薩克（Earl Isaac）在明尼亞波利斯（Minneapolis）成立的費爾艾薩克公司（Fair, Isaac and Company，FICO）研發出一套方法，可以靠公式判斷客戶的信用，用計算 FICO 信用積分取代銀行放貸人員的主觀判斷。FICO 分數被用於西爾斯（Sears）的店內信用卡，接著又用於 Visa 和 MasterCard，車貸與房貸也接著採用，目前也用於評估小型企業貸款。[57] 今天，幾乎不需要動用人眼，就能處理所有五萬美元以下的信用申請。[58] 信貸這個產業之所以能起飛，就是因為擺脫了對一小群人類專家的依賴。

人工智慧近日的發展，的確讓專家系統變得更強大，加速知識轉移。相關進展讓電腦得以「思考」（reason）與操作架構模糊的資料，包括假設、近似值、經驗法則等等。儘管如此，依舊需要由人類來判定部署人工智慧的地點與方式；由人類來決定哪些關鍵決策要交給人工智慧，哪些又該繼續由人類處理；我們依舊需要人類來設想，可以藉由結合機器的新能力與人性關懷，創造出哪些新產品或新服務。此類問題只有人類能解答。雖然自動化以前所未有的速度，加快把數據轉換成有用資料的流程，我們依舊需要人類來負責理解，賦予資訊意義，接著用創意採取行動。全球最大的國防承包商洛克希德・馬丁公司前董事長諾曼・奧古斯汀（Norman Augustine）投書《華爾街日報》：「歷史教育可以培養出具備批判能力的思考者，這樣的人有辦法吸收、分析、整合資訊，接著說出自己的發現。各行各業都需要這樣的能力。」[59] 所以說，要維持競爭力，企業領袖必須搶先編碼可以程序化的工作，需要創意的工作則交給人類管理者，好好利用人們不必再做瑣事後釋出的人力。

二度知識工程

共通點組織在智慧機器的時代尚未揭開序幕前，就已經做到知識自動化。哈格提的團隊將專家知識編碼成輕鬆就能照做的教戰守則，讓專家判斷（expert judgement）散布至更廣的社群。共通點組織因此得以將自身的影響力，擴大到紐約市以外的範圍，領導全美其他地區。

坎尼斯在擔任「從街頭到有家計劃」第一任負責人兩年後，接下共通點組織的創新長一職。坎尼斯愈來愈焦慮，她發現解決無家可歸問題的關鍵障礙，通常不是因為缺乏資源，而是因為知識、專業技能，以及行動力量過於分散。坎尼斯表示：「我們社會的做法是……向納稅人收很多錢，聯邦政府拿到錢，接著分給大量的小團體，每個團體拿到一點點，杯水車薪，住房局拿到一點，心理健康人員拿到一點，極度零散，沒有任何社群的任何人取得足夠的資源或權力，真的能替解決遊民問題負起責任。」

坎尼斯看到用名字與照片造長期遊民名冊的好處，決定拓展「從街頭到有家」的概念，納入就醫資訊，她找上吉姆‧歐康納（Jim O'Connell）。歐康納醫師是「波士頓健康照護無家者計劃」（Boston Health Care for the Homeless Program）的創始人，從一九八六年起每星期有兩個晚上會開著一台箱型車到外頭義診。他說：「每星期一與星期三，晚上九點到清晨五點，我還是會開車出去。這件事意外地有趣，也很重要。」歐康納醫師靠著街頭義診的經驗，歸納出遊民早死的常見原因。「我一眼就能看出街上發生的事，也知道每個遊民來自哪裡。」坎尼斯和歐康納一起利用八個明顯指標，找出可能死在街頭的高風險遊民。兩人稱之為「脆弱指數」（vulnerability index）：

一、一年內住院或急診三次以上
二、先前三個月急診三次以上
三、六十歲以上者
四、肝硬化
五、末期腎病
六、凍瘡、戰壕足、失溫病史
七、HIV／愛滋病
八、三重問題：同時存在心理疾患、物質濫用、慢性疾病

「脆弱指數」瞬間翻轉協助遊民時傳統的「先來先治」排隊法。原本的遊民名冊現在加進評估醫療需求的八大重要

指標。「脆弱指數」成為一種個人紀錄，所有的社群都能採取此種健康登記，就像是遊民版的 FICO 分數。

從某個角度來講，坎尼斯無數次午夜數人頭所累積出的經驗與知識，這下子被編碼，變成一種簡易的調查工具。從前必須靠經驗豐富的社工人員，發揮軍隊指揮官般不屈不撓的毅力，才有辦法辨認出最需要協助的長期遊民。現在不必這麼麻煩。「脆弱指數」簡單明瞭，能夠動員社群行動。在共通點組織的協助下，洛杉磯郡與洛杉磯市成立「五十計劃」（Project 50）；華盛頓特區採行地方計劃；鳳凰城（Phoenix）執行「H3 計劃」（Project H3）。這些最新動起來的社群，一起證明了平均只要十天，就有辦法讓個別遊民從街上搬進住屋。擁擠的紐約市想出的辦法也能用在全美各地，就連地廣人稀的地方也一樣。「脆弱指數」刺激城市與住房局立刻採取行動，先服務最危在旦夕的民眾。

在此同時，坎尼斯與哈格提得知一個名為「挽救十萬性命運動」（100,000 Lives Campaign）的計劃極為成功，十八個月內就成功預防十萬起醫療傷害造成的意外死亡，一下子成為全國推廣的運動。此一運動的核心是醫院必須當成優先要務的六種簡單介入，包括留意病情惡化的第一個徵兆、及時使用抗生素、預防肺炎等等。相關步驟乍聽之下沒什麼，但通常需要護士、內科醫師、外科醫師之間的跨部門合作，才可能做到。醫院每天忙到人仰馬翻，關鍵步驟若是沒被特別設為優先要務，很容易被遺忘。

坎尼斯回憶與與哈格提的那場決定性會議：「我們兩個人在一旁互相點了個頭，好像在說：『遊民也能採取這個方法。』我們請『健康照護促進協會』（Institute for Healthcare Improvement, IHI）傳授我們大規模推動改變的方法，採行相關的策略與技巧。」二〇一〇年，共通點組織推出自己的「十萬有家運動」（100,000 Homes Campaign），目標是在二〇一四年七月前，讓全美最脆弱的十萬民眾有地方可住。執行的重點是整合數個部門的資源，包括政府當局、信仰團體、公家醫院、地方企業、非營利組織、房東、地產開發商、慈善人士、關心遊民問題的民眾。新加入的社群幾乎都位於紐約州以外的地方，大家參與分成四部分的線上講座，接著參加三天的密集訓練課程，學習使用脆弱指數調查。各團體接著各自展開「登記週」（registry week），找出街上遊民，蒐集提供穩定住處所需的必要資訊。

哈格提一如往常，下定決心就去做，二〇一一年成立子機構「社區解決方案」（Community Solutions），任務是傳授訣竅給紐約以外的地方。哈格提回顧共通點組織如何自一九九〇年起經營約三千個住房單位，服務無家可歸的人們。她表示：「我很榮幸，我認為我們已經研發出一套方法，有辦法解決先天上困難重重的問題。那套方法很有用，帶來了真正的貢獻，然而我們每一個方案都需要耗時四至五年，成本又達四千萬。我們有口碑，我們的方法很獨特，然而這個模式無法大規模推廣。」[60]「社區解決方案」推出後，二〇一二年十一月已有一百七十三個社區加入「十萬有家運動」。這些社區執行了三萬五千多次的調查，協助超過兩萬兩千人搬進穩定住宅。一年後，數字成長至七萬人，而且依據估算，有 88% 的房客超過一年後依舊保有住處。二〇一四年六月十一日，「十萬有家運動」讓十萬零一千六百二十八人有地方住，在最後期限之前就超過原本的目標。

同年，「建築和社會住房基金會」（Building and Social Housing Foundation）與聯合國提名「社區解決方案」參加「世界人居獎」（World Habitat Award）。這是哈格提二度獲得這份殊榮，第一次是十五年前因共通點組織得獎。哈格提解釋：「我們推廣已經證實有效的方法，與全國各地的相關團體結盟，得出與美國遊民現象有關的獨特觀點。如果你想了解全美各地的特定遊民模式，我們大概有辦法解答。」

靠創意往前跳

牛頓說過：「沒有大膽的猜測，便沒有偉大的發現。」創新者通常冒著失敗的風險往前衝，拿自身的安全與名譽當賭注。他們擁有世俗不認可的夢想，願意忍受高工時，拿自己的錢忍受不確定性，擔心受怕，吃閉門羹。然而，等創新者成功後，他們獨特的個人觀點就成為世人的新標準。人們將創新者的個人故事視為史詩，把他們寫進歷史。不過，除了創新者能獲得榮耀，新做法要能推廣，還得靠人們通力合作，將專家了解的事編纂成明確的知識，以及容易遵循的指示，好讓其他人也能採取新方法。專屬的知識變成普及的知識。共通點組織的故事除了是在解決謎題，其實也是一個知識自動化的故事。從半夜在時代廣場數人頭，變成一場全國性的運動，改變了十萬人的人生，其中真正的關鍵是「脆弱指數」，象徵著全國的新手人員也能如法炮製的專家知識。「脆弱指數」帶我們繞了一圈回到本章的起點──唯有人類有辦法開拓前線，走出新路。

機器學習與大數據強調「相關性」（correlation），而不是「因果關係」（causation）。它們缺乏世界的內建模式，無法以可靠方式區分真相與謊言。舉例來說，IBM 華生機殼下的演算法，能建立多種統計上呈顯著的關係，卻無法解釋為什麼會有那樣的關係。法律或哲學上可觀察的事實，在心理學上不一定做得到。要得出行銷、消費者欲望、流行藝術，甚至是手機 app 使用者介面的創新洞見，依舊需要由創新者來整合人類經驗與新聞報導，從中觀察人們如何反應、如何交談、都在抱怨什麼。大數據通常太廣太淺，欠缺情感意義。光有大數據，無法擷取社會範疇中模糊的隱藏意涵，我們需要小數據──與個人相關的深厚資訊，例如醫院裡病童因為要做 MRI 掃描而緊張不已。[61]

我們評估電腦系統效能的方式，也可能帶來誤導。不曉得為什麼，機器智慧的概念至今依舊相當模糊。科學家通常用對人類來說很困難的事來評估電腦，例如下西洋棋、圍棋或參加《危險邊緣》。這些任務對人類來說不自然又困難，因為它們需要動用大腦的深度思考與計畫能力，也就是人類演化史一直到相當近日才有辦法做到的認知工作。人類智慧不是演化來做那些事——利用有限的感官資訊與計算能力快速下決定才是。電腦下西洋棋的功力，因此遠勝過辨識對手臉孔的能力。這也是為什麼「驗證碼」今日依舊用於線上安全交易：人類比電腦更能辨識歪七扭八的字母。驗證碼要求我們證明自己是人類，不是機器人，有點像是倒過來的圖靈測試。[62] 由於人類在辨識物體與理解細微差異時，比多數先進機器人靈活與聰明，不論是下棋或解決其他真實世界的問題，電腦與人類攜手合作時，效果永遠勝過只有電腦或只有人類。[63] 各位可以試著開發出最尖端科技的機器，但你將無法擊敗「普通機器加上人類」的組合。未來的趨勢是融合機器的能力與人類的意識。

我不會鼓吹回到由人類來下判斷的懷舊風。前文提過，哈格提得到瞄準長期無家可歸者的創新洞見後，就和坎尼斯靠脆弱指數來捕捉那個新知識的精神。內隱知識（tacit knowledge）的編碼配合新發展，促成進一步的創新，讓其他社群也能模仿共通點組織的做法，最終由「十萬有家運動」集大成。此外，人類不需要華生或 AlphaGo 就能編碼學習。「社區解決方案」透過脆弱指數，以自己的方式推廣新做法，讓一度由預感、習慣、過時做法主導的行業，搖身一變成為一門仰賴客觀指標的應用科學。「社區解決方案」日後甚至與矽谷的電腦軟體服務公司「帕蘭泰爾科技」

（Palantir Technologies）結盟，研發線上平台，自動配對脆弱指數結果與地區的空房，除了找出最需要協助的對象，還自動化處理一度耗時的房屋配對流程，供給與需求自動配對。《經濟學人》雜誌稱「社區解決方案」「就像 Airbnb 一樣」。[64] 至於哈格提，她決定開始研究紐約布魯克林區布希維克（Brownsville）更棘手的議題。布希維克是全美最大型的公共住宅集中地，卻也一直是「無居所家庭」（family homelessness）比例最高的地區。「社區解決方案」推出「布希維克夥伴計畫」（Brownsville Partnership），協助弱勢族群以家庭為單位，維持穩定的住所，改善居家生活，藉由預防性措施避免家庭流落街頭。

以上的例子顯示，儘管大數據與機器學習橫掃一切，當自動化必然取代狹隘定義中的專家，這個世界將會出現更多「通用型工作」（general-purpose job）。在二十世紀早期，AT&T 電信公司的電話系統，雇用數十萬以手動方式操作電話機房的工作者。電話系統自動化後，接線生工作消失，辦公室的總機人員取而代之，成為美國企業常見的成員，負責回答一般性問題與傳達電話留言。[65] 類似的例子還包括 ATM 讓銀行出納員的例行事務自動化，開設銀行分行變得更便宜。銀行開設更多辦事處後，出納員的整體數量反而成長。[66] 牽引機取代手動的犁之後，人類生產出更多糧食。紡織機械化後，紡織廠的勞工變成冗員，但工人開始製造車子、飛機、火車、摩天大樓。數個世紀以來，新發明永遠會取代人力，

圖 6.1　自動化後的創意跳躍

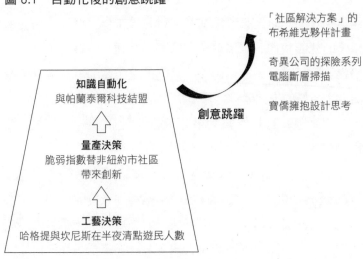

但科技增加生產力後，我們的生活水準也提高了。長期而言，更高的生產力帶來聘雇成長，而不是萎縮。我們該如何推動轉變是一個社會議題，不是本書能處理的範圍，但我們身為社會一份子，有理由抱持希望。

最後再提供一條輔助證據。波士頓大學經濟學家詹姆士‧貝森（James Bessen）發現，工作機會與自動化通常會攜手並進，自動化創造的工作機會超過摧毀的數量。[67] 其他較近的研究也支持此一結論。許多打造人工智慧系統的企業發現，打造系統、讓系統運轉時，人類必須扮演積極的角色[68]，而重點就在這裡：機器自動化究竟會輔助或取代人力，是一種選擇。企業必須肩負的責任很清楚。主管在讓所有例行性的工作自動化的同時，必須靠創意進行知識工作。奇異公司的道格‧迪茲讓我們看到這點有多重要。共通點組織的羅姍‧哈格提示範了這麼做的可能性。寶僑的克勞蒂亞‧科奇卡證明能以大規模的方式執行這種做法（見圖 6.1）。

寶僑前執行長雷夫利曾經給學生建議，教大家在快速轉變的世界中成功。他提倡跨域學習，同時結合「藝術、科學、人文、社會科學與語言」，投書給《赫芬頓郵報》（*Huffington Post*）：「心智會發展出靈活性，打開一個人的心胸，願意接受新概念。在瞬息萬變的環境中，隨機應變是成功的條件⋯⋯完成廣博的全人教育課程能讓學生發展出概念性、創意性、批判思考型的技能，相關技能是健全心智的基本要素。」[69]

所以說，在智慧機器的年代，主管必須做些什麼？關鍵是盡量自動化常態型的認知工作，讓你的員工從單調無聊的白領工作中解放出來，好好運用他們的基本人類優勢，利用創意解決下一個新領域碰上的問題。

第二部 **重點整理**

三大槓桿點正在重寫競爭規則
機器智慧正在演化
企業將得賭上身家

三大槓桿點正在重寫競爭規則

若要得出整合的策略，每一位傑出領導者都必須從大問題著手：我身處哪一個世界？這個世界最重大的潮流是什麼？我如何讓公司做的事順應這個世界，才能從潮流中獲得最大利益，趨吉避凶？本書第一部帶大家看見歷史的力量。歷史是一面鏡子，讓我們鑑往知來，順利跳向新的知識領域。第二部則帶大家看未來，點出兩股密不可分的潮流，推著所有的企業走向二十一世紀：智慧機器的崛起與無所不在的連結。新科技問世，社會轉型，我們未來的工作方式也將跟著改變。連結的力量帶來去中心化的創新模式；因為智慧機器讓專家知識自動化，管理因此需要更高層次的創意、社會理解與同理心。

機器智慧正在演化

人工智慧目前的發展，有如製造領域中電力取代蒸汽的早期年代。進入二十世紀時，多數紡織廠使用的動力依舊來自流水與水車。工廠若是裝設蒸汽引擎，就得想辦法分配滑輪、輸送帶、轉動軸承，以及大量複雜齒輪系統的位置。廠內的主要配置方式完全繞著蒸汽引擎打轉，無力顧及工作流的效率。有趣的是，等工廠開始改用電力後，工程師依舊無法想像不同的設備配置方式，依舊將電動馬達全部集中在同一個地方，沒有像今日的裝配線，利用電力可以讓機器擺放在工廠各處的好處。幾乎又再過了二十年，製造商才完全享受到電力帶來的便利。

今日的大型組織依舊通常只把人工智慧當成節省成本的手法，用以取代文書作業中的人力。雖然這點也很重要，人工智慧最大的潛力遠比那深刻：自學的演算法將在協調經濟交易的領域，發揮遠遠更大的功能，包括能源管理、健康照護、金融、法律、運輸，以及幾乎是我們生活中的每一件事。

企業將得賭上身家

大膽的決定永遠看起來很帥──直到慘遭滑鐵盧為止。管理者若要促成以證據為輔的決策，就必須時時實驗，減少無知的暗區，以一定的熟悉度得出結論。首先必須找出關鍵假設，接著透過精密的實驗確認正確度。微信、共通點組織、Recruit 控股執行無數次實驗，直到找到關鍵時刻。在不確定的情境下管理策略流程，方式就是這樣：創造足夠的機會，讓相關證據浮現，一旦出現，便全速前進。

複雜的大型組織要生存，最大的風險就是政治角力與集體不作為。全力為公司著想的最高階主管，因此一定要準備好親自介入，在必要時執行新命令。所謂的「深潛法」，就是指高層在關鍵轉捩點親自介入，出手克服障礙。「深潛」不同於事必躬親的微管理，而是仰賴知識的力量，不是職位帶來的權力。

下一章是本書的尾聲，我將解釋同時混合「由上而下」

與「由下而上」的策略，如何能移除最終的組織障礙，讓成
熟公司得以煥然一新，脫胎換骨。

第三部

未來競爭

07

領導者的深潛執行力
華碩、蘋果、本田、亞馬遜突破重圍的領導學

不要問管理者：「你們的策略是什麼？」去看他們實際上
做了什麼！因為人們會裝模作樣。

——安迪・葛洛夫（Andy Grove）

一台真的、真的很小的筆電

有一首歌的副歌是這樣唱的：「如果你不知道自己要去
哪，每一條路都會帶你到目的地。」這句歌詞說出管理者必
須發展世界觀的重要性。不過，「知」與「行」不一定會合
一，光有洞見還不夠。策略與執行密不可分，想法必須化為
每日的行動與營運戰略，否則先進者依舊可能被模仿者取
代。執行長的角色不只是提出策略願景，還要讓策略真正能
執行，特別是在動盪時刻。

施崇棠董事長並不滿意自家公司製作的筆電。當時是

二〇〇六年，距離蘋果推出第一代 iPad 還有四年時間。六十二歲的施崇棠是虔誠佛教徒，身材削瘦，自一九九三年起領導台灣電腦大廠華碩。員工經常在週末發現，董事長穿著POLO 衫與卡其褲，站在一群戴斗笠的農夫之中，在台灣鄉下的苑里鎮寺廟當義工。[1]

然而，施崇棠也有競爭的一面，充滿幹勁，並沒有很「禪」。佛教徒打坐時不該想著科技與生意，但據說他腦中總是不斷想著這些事。[2] 施崇棠曾提到葛洛夫的名著《10 倍速時代：唯偏執狂得以倖存》（Only the Paranoid Survive）：「如果你想成為第一，完美主義者與偏執狂有差別嗎？」[3]

第四章提過，個人電腦是高度複雜的產品，卻擁有現代製造最簡單的裝配流程。筆電的元件包括標準化的主機板、數十個連接器、電源供應器、平板顯示器、鍵盤、觸控板。許多台灣企業在一九七〇年代晚期利用低廉的勞動成本，開始生產主機板。

一九八九年時，四位工程師離開台灣另一家產業先進者宏碁，成立華碩電腦。施崇棠也是宏碁老臣，一九九二年以研發長身分離職，加入當時仍是新創公司的華碩，擔任執行長。[4] 二〇〇〇年代中期，華碩成為全球最大的主機製造商，服務大量國際客戶，包括 Sony、IBM、Dell、HP 等大企業。不過，施崇棠懷抱雄心壯志，想讓華碩自己也成為全球知名品牌，曾抱怨「我認為台灣人在推動創新的心態上，沒有很好的訓練」。[5]

　　二〇〇六年十月，施崇棠開始主張傳統筆電已經變得太複雜，需要大力簡化。傳統電腦開機需要近三分鐘時間，耗用大量儲存記憶體，還需配備強大微處理器。施崇棠認為大幅簡化的平價筆電將創造下一個十億使用者，帶來不分男女老幼的新消費者。

　　問題在於，要推出這樣的筆電，就必須與華碩的傳統產品分道揚鑣。「華碩品質，堅若磐石」這句公司口號，象徵著華碩的筆電部門在二十年間，努力追求超高品質與卓越技術。突然要這個部門擁抱適合低階區塊的產品概念，賣東西給先前沒買過個人電腦、覺得電腦太貴或太嚇人的消費者，不但極度困難，甚至是不可能。

　　施崇棠並未下令後就交給部屬去做。他本人親自參與新電腦產品線「Eee PC」（俗稱「小筆電」）的研發。施崇棠以董事長身分，做起專案經理的工作，和大家一同努力。他在前三個月和一小群工程師，一起研究產品的基本概念，進行終端使用者的人類學觀察，不做主流筆電部門向來仰賴的傳統市場研究。

　　由於微軟 Windows 授權成本高，無法做到小筆電的三百美元目標價位，施崇棠的工作小組努力設計適合免費開源作業系統 Linux 的新使用者介面。然而，華碩內部對於該如何配置基本的使用者介面，爭論不休，計劃於是停滯不前。此時，施崇棠帶著工程師，住進台北溫泉旅館兩天，不讓他們受到外界任何干擾，沒有電子郵件、不接電話、不與總部同事開會。由軟體程式設計師、工業設計師、硬體工程師共同組成的跨功能團隊，專心設計使用者介面。多位工程師從小住兩天，變成一待六個月。副產品經理陳馨（Zing Chen，音譯）回憶：「我們經驗不足，犯了許多錯誤，造成進度延遲。我們全部被扔進旅館大房間，強迫要與彼此好好溝通。在二〇〇七年六月至十二月間，我們全部待在那個大房間裡。」全部的人齊聚一堂的工作模式，最終成為此次研發的關鍵，不但促進了團隊動力，還改變許多互動模式。Eee PC 繼續研發，團隊的特徵就是隨時進行跨領域對話。

接下來，華碩發現沒有供應商能提供符合規格需求的作業系統，施崇棠於是挑戰員工，要他們到全球尋找辦得到的夥伴。後來擔任 Eee PC 事業部總經理的胡書賓回憶：「施先生要我們到外頭尋找人才，不要只限於公司內部，不限亞洲，要全球走透透。我們最後找到一家加拿大公司，對方有興趣和我們一起研發使用者介面。」「我們一直找不到可能的供應商，因為我們的時間表太緊，嚇跑所有人。」這是華碩第一次與亞洲以外的軟體廠合作。

或許整個故事最令人印象深刻的是，在新筆電上市前夕做最後的產品測試時，施崇棠決定批准跳過品管部門的計劃，改採「千位使用者試用計劃」，將免費的樣品分發給員工親友，靠這個方法在幾週內抓出許多問題。傳統的內部測試流程找不到那樣的問題，因為試用者使用小筆電的方式，跟習慣操作筆電的使用者非常不同。

二〇〇七年十月，Eee PC 在台灣上架，定價三四〇美元，第一批貨三十分鐘內就搶購一空。華碩生產多少，消費者就買多少，隔天公司股價上揚 4.9%。Eee PC 在台灣上市後，很快就在全球推出，在二〇〇七年的聖誕銷售旺季，榮登亞馬遜票選最想要的禮物。Eee PC 的需求在美國十分強勁，華碩全系列的傳統筆電也連帶首次在美國經銷。百思買（Best Buy）與梅西百貨（Macy's）等大型零售商也趨之若鶩。台灣電腦廠終於進入 HP 和 Dell 的主場——不是靠重量級產品，而是靠專注於做簡單的小筆電。

策略究竟是怎麼一回事？

天才與自大狂僅有一線之隔。充滿傳奇性的矽谷，集合了個性引人注目的創業執行長。他們親自帶動事業發展，忍受超長工時。這些執行長通常對產品細節極度執著，並堅持其他高階主管也要跟他們一樣。從寶麗萊的艾德溫‧蘭德（Edwin Land）到蘋果的賈伯斯，從亞馬遜的貝佐斯到特斯拉的馬斯克，這些執行長在公司各處留下個人印記，人們景仰他們有能力創造出民眾渴望的產品，也敬佩他們執著於產品設計細節。

二〇〇一年十月，蘋果推出 iPod。這個急迫的上市時間是賈伯斯由上而下定下的不可能的任務。當時的硬體長喬恩‧魯賓斯坦（Jon Rubinstein）為了趕上計劃最後期限，快速組織出一個工程團隊，專門負責將標準化的第三方元件，整合進一個小封裝。[6] 種種限制迫使 iPod 專案團隊實驗新型工程法，除了必須準時交出規定的產品規格，還得大幅壓低成本，產品開發幾乎沒有前期投資。這些關鍵條件讓蘋果得以靠相較於麥金塔電腦產品生命週期短許多、價格相對低、利潤也低很多的裝置獲利。

賈伯斯除了掌控計劃進度表，也密切參與執行。蘋果員工表示，執行長「如果點選超過三次還聽不到想聽的歌，就會大發雷霆」。[7] 很重要的是，iPod 主要的不同，不只在於優雅的工業設計，相輔相成的 iTunes 也很重要。據說賈伯斯堅持 iTunes 的使用者介面要如同 Palm 的 HotSync 軟體，讓 iPod 能輕鬆自 iTunes 傳送歌曲。[8]

一年後，產品團隊忙著釋出 Windows 相容的 iPod，賈伯斯身先士卒，親自出馬說服所有大型唱片公司上網販售音樂。為了達成每首歌〇・九九美元的計劃，由他本人向關鍵的唱片主管、重要歌手與作曲家示範產品。蘋果靠著提供合法的線上市場，提供音樂產業方案，解決 Napster 等線上服務帶來的猖獗盜版。值得留意的是，賈伯斯讓唱片公司保留大部分的音樂銷售線上營收，接近八成。蘋果並未靠 iTunes 帶來豐厚利潤，公司內部把 iTunes 定位成必須加以投資的配套平台，進一步普及 iPod。

所以，除了單純歸因於老闆喜歡插手，我們可以如何理解賈伯斯或施崇棠的管理行為？在什麼樣的情況下，執行長的介入可以視為刻意打破組織慣性，促進長期的調整？或是簡單來講，執行長的微管理扮演著什麼樣的功能？

* * *

　　一九七五年，波士頓顧問公司（Boston Consulting Group, BCG）向英國政府簡報具指標性意義的〈英國摩托車產業的策略選項〉（"Strategy Alternatives for the British Motorcycle Industry"）。[9] 這份長一百五十頁的文件，詳細解釋本田如何利用獨特的生產策略，努力降低成本、刺激銷售、壓低價格，打進北美摩托車產業。本田在那段期間反覆調降售價，削減成本，直到在主要以量取勝的摩托車市場，取得優勢地位。

　　本田除了採取壓低成本、衝高銷量的策略，還採取獨特的設計風格，以有趣的方式展開行銷。此外，本田建立由零售商與經銷商組成的強大經銷網，瞄準把騎車當休閒的摩托車愛好者需求，把這群人視為主要客戶。簡單來講，本田的公司史是一則精心擬定策略、接著以無懈可擊的手法奮力執行的故事。BCG 的報告只有一個問題：那個故事只有一半是真的。

　　一九五九年，本田派三十九歲的經理川島喜八郎前往美國研究摩托車市場。[10] 二戰結束後，本田成功在日本本土市場成為摩托車製造龍頭。當時日本依舊處於重建階段，從貧困中復甦。在快速成長的都會區，很多送貨的司機騎本田推出的小台但馬力夠強的摩托車。

　　當時的美國摩托車產業每年銷量為五至六萬台，由老牌的哈雷（Harley Davidson）、BMW、凱旋（Triumph）、摩托古茲（Moto Guzzi）稱霸。[11] 川島喜八郎帶著兩名同事抵達洛杉磯，負責外銷三種等級的摩托車：「本田小狼」（Super Cub，50 cc）、「Benly」（125 cc）、「夢」（250 cc 與 305 cc）。川島喜八郎日後表示：「我們沒有策略，只是看看有沒有辦法打進美國市場。」[12]

　　拓展美國業務的任務，一開始便出師不利。顧客覺得本田的摩托車沒有什麼過人之處，經銷商也不願與不知名的品牌合作。川島喜八郎使盡渾身解數，終於透過十幾個經銷商賣出數百台重型車款後[13]，但緊接著惡夢開始了。東京的工程師沒料到美國駕駛需要非常耐操的車，本田的摩托車經常在州際公路上引擎故障、離合器磨損、漏油。從洛杉磯空運至東京的高昂保固維修運費，差點害本田破產。

　　大約就在此時，蒙哥馬利華德（Montgomery Ward）與西爾斯提議在旗下百貨公司的戶外動力設備區，代售本田最輕型的五十 CC 本田小狼。想不到的是，本田毫不考慮就回絕了這個機會。儘管一再失敗，派駐美國的團隊仍死守賣出大型摩托車的目標，因為這是總部的策略。

　　有一天，沮喪的川島喜八郎騎著本田小狼上山，紓解壓力。越野騎車，讓他心情好多了，他的兩個同事也開始仿效。三人在山丘上騎車的景象，很快就引發人們好奇他們的小摩托車是在哪買的。川島喜八郎出於禮貌，特別為美國鄰居進口幾台本田小狼，沒想到這幾位早期採用者不但日後繼續騎車，還口耳相傳。愈來愈多人也想買本田小狼，加入越野車的風潮，在鎮上騎車。本田的美國經理過了一陣子終於開竅，發現自己可能誤打誤撞，闖進了北美的全新市場。休閒用途的越野車有市場，恰巧五十 CC 的本田小狼再適合不過。

需求強勁的證據在手後，洛杉磯團隊設法說服日本總部改變最初的方向。本田應該別再試圖打進大型摩托車既有的市場，改專注於公司不小心創造出來的新興市場機會。[14] 當然，除了偶然的好運，本田後續還端出真正的世界級設計工程與製造執行，有能力在改善品質的同時，持續壓低價格。本田小狼的成本比大型哈雷摩托車低 75%，買家是輕量級騎士，對更大台、馬力更強的車興趣不大。

今日回頭看，本田最初預估的美國市場數字完全失準。公司在一九五九年進軍美國時，最初希望搶下 10% 的市場，預計每年賣出五十五萬輛車，年成長 5%。一九七五年時，市場每年成長 16%，達到每年五百萬台銷售量，而且主要來自本田未能預見的應用——在美國的小型本田小狼。

今日擔任牛津賽德商學院（Saïd Business School）院士的理查・帕斯卡（Richard Pascale）表示：「所有的日本汽車主管都會毫不猶豫地同意，本田的成功不是來自高層幾顆聰明頭腦的大膽洞見，恰恰相反。本田成功是因為資深經理夠謙虛，不把自己最初的策略定位看得太重。日本並未使用『策略』一詞代指明確的商業輪廓或主要的競爭計劃，比較是從『隨機應變』或『見機行事』的角度出發，強調企業的方向應該隨著事態的發展，逐漸加以調整。」[15]

計劃型策略與應變型策略

本田的例子顯示出策略的「擬定」與「執行」密不可分。[16] 在多數情況下，管理者做決定時會遵守「計劃型策略」，也就是在公司策略意圖的引導下，依據現有的知識、先前的經驗而來的策略。最後的成效由定義明確的指標來評估。管理者要為自己採取的行動負責。即便是最創新的公司，依舊會透過獎酬系統來引導員工的努力方向。豐田眼中的成功，或許是產品不良率持續下降；Google 眼中的成功，或許是搜尋結果的準確率不斷提升；Facebook 則是看用戶數量的成長度。所有的指標最終會化為營收與利潤，公司因此獲得新資源，得以投資下一波的產品與服務。在這種可控的環境下，最有效的工作法是已知的，目標明確，精確執行。

話雖如此，計劃型策略依舊可能碰上挑戰，管理者依舊有機會施展創意。以豐田的生產系統為例，近距離檢視後就會發現，日本製造商用來達成世界級生產品質的工具充滿創新。裝配工人組成品管小組（quality circle，又譯「品管圈」），找出生產出錯的根本原因。資深管理階級無需下達詳細指令，基層就會自行想辦法做小型實驗。工人找出有效的解決方法後，立刻把那個知識散布至全公司。總之，在「即時生產」與「全面品質管理」的原則下，一般的普通員工也能提出自己最好的想法，經過驗證後，在公司擴大執行，增加影響力。

皮克斯動畫工作室（Pixar Animation Studios）的總裁艾德・卡特姆（Ed Catmull）推出過《玩具總動員》（*Toy Story*）、《瓦力》（*Wall-E*）、《料理鼠王》（*Ratatouille*）等熱賣電影，他認為日本的品質系統是協助他「找出促使皮克斯前進的方法」。[17] 卡特姆認為，讓各層級的聰明人士發揮創意十分重要，也該授權讓他們解決公司各領域的問題。卡特姆選中的方法是日本率先提出的「品管小組」。不論是汽車大廠豐田或皮克斯的夢想製造廠，兩者能夠成功，關鍵在於執行已知知識的計劃型策略，並鼓勵不斷實驗。

然而，本田的故事也提醒我們還有另一種可能。在另一種情境下，知識不但不完全，還是未知的。套用前美國國防部長倫斯斐的話來講，那種情況是「我們不知道自己不知道什麼」。此時就得改採「應變型策略」。

本田的高階主管不可能預知到美國將出現愛上迷你本田小狼的客群。這種拿來送貨的摩托車，功能是穿越東京等擁擠城市狹窄的大街小巷。什麼都講求大的美國人，只在寬廣公路上騎大型摩托車。本田沒預料到正在浮現的潮流，但幸好的是發現之後懂得抓住並加以利用，越野愛好者這個新客層出現爆炸性成長。本田能夠成功，完全是因為管理者有能力辨識出乎意料的事業機會，並未死抱著計劃型策略不放。這樣的轉向就是一種應變型策略。

亞馬・畢德（Amar Bhide）教授曾經就應變型策略的重要性，做過詳盡的研究。他追蹤四百名自行創業的哈佛商學院畢業生[18]，多數新創公司一如預期失敗，但畢德指出成功的例子中，有高達93%的案例在發現原先的策略行不通後就放棄。他們必須把一開始募來的資金用在別的地方。換句話說，成功的新創公司幾乎永遠都得做不同於它們向投資人保證會做的事。堅持原先的策略是在置自己於死地。如果創投要求新創公司必須在短時間內快速成長，而且沒有給予重新調整腳步的時間，那麼堅持錯誤策略的壞處會更加顯著。畢德寫道：「資金來源如果要求處於早期階段的公司一下子擴張，公司注定會失敗。失敗的公司都把資金全數投入運氣不佳的初始計劃。成功與失敗的差別，不在於成功的新創公司第一次就做對，而是趁早從錯誤中學習，及時轉向，剩餘的資金還夠在跌倒後重來一遍。」。[19]

那也是為什麼著名創業家艾瑞克・萊斯（Eric Ries）提倡「精實創業法」（lean startup methodology）。[20] 萊斯提出「精實創業」一詞，意思是組織盡量抓住機會學習，蒐集市場洞見，以最少的資源讓新技術商業化。創新者會碰上的最大風險，就是在市場風向已經轉變後，還在埋頭閉門造車，最後倉庫堆滿沒人要的產品。比較理想的做法通常是打造出功能最基本的「最小可行性產品」（minimal viable product,

MVP）。MVP 讓管理者得以用最快速度完成「製造—檢驗—學習」（build-measure-learn cycle）循環。速度是關鍵，高科技世界尤其如此。大公司若想與新創公司競爭，也必須拿出新創公司的精神。大量證據顯示，曾經成功讓破壞性創新商品化的公司，一定得靠結構性分離（structural separation）來管理策略流程，也就是在發展破壞性商業模式時，以獨立事業單位的形式，讓經理獲得公司結構上的自主權。大公司的主要組織有時過於循規蹈矩，慣性太強，最理想的做法就是減少新舊事業之間的互動，以免舊事業扼殺新事業。當然，擁有自主權的團隊不一定就會成功，但自主權卻是必要條件。

完全放權也有問題

　　學術界有無數的商業深度實地研究都顯示，在公司的內部資源分配過程中，多數策略計劃是由下而上帶動。[21] 若要縮小當下表現與目標之間的距離（例如：產能短缺或潛在的市場機會），得由實際執行的經理來決定產品計劃的細節。

　　公司支持的眾多提案之中，中階經理（部門或集團總監）會特別鼓勵他們認定最有希望的案子，並發揮自己的名聲與影響力。中階經理是高階主管中仍密切掌握業務知識與了解底下幹部的人，所以他們的支持與否能決定著哪一項計劃將獲得資金。

　　因此，實際上會發生什麼事，將由資金與執行方式決定，而不是策略研究或是高層的宣言。計劃獲得公司層級的正式批准前，會先經過各層主管的篩選。策略是否會成真，基本上要看公司的營運層級與中階層級所採取的定義和篩選流程。由下而上的過程可能效果強大，但低階經理才是讓改變發生的人，高層只是事後認可讓公司得以成功的偶發事件。[22]

如同本田的例子，高層在策略轉變上所扮演的角色，主要是「願意認可由下而上的策略方案，加以利用，而不是錯失機會。」[23]此時高層手中握有的影響力依舊是間接的，例如主導組織內部對於外界威脅的看法[24]，或是在面對挑戰者的顛覆時建立組織架構的自主性。[25]

Google架構最值得稱讚的特質就是分權。從「線上搜尋」到「行動Android」等產品事業群，每個單位都享有高度自由，各自分工，Google的多數產品都是自行演變發展。[26]Google著名的兩成時間福利（每週一天），允許員工在核心工作外做自己想做的計劃，帶來Gmail與Google地圖等大量優秀產品。[27]公司創辦人施密特（Eric Schmidt）與佩吉也鼓勵員工「登月」（moon shots），製作出比對手好十倍的產品與服務。佩吉表示：「人性自然會想去做已知不會失敗的事，然而漸進式的改善總有過時的一天，科技尤其如此，科技會出現飛躍式的改變。」[28]整體而言，Google近七成的計劃以某種形式支持公司的核心事業，約兩成則是逐漸成型的商業點子，一成則是試試手氣的實驗。[29]

Google五花八門的各種實驗並未導致公司陷入混亂，原因在於 Google 有一項明確的策略：免費分發產品，快速拓展客群，鼓勵消費者使用，探勘用戶數據，接著售出廣告。此一方針將策略責任分散至組織各階層，公司策略成為「計劃型應變策略」（deliberately emergent）。自公司成立之初，Google 主要就是依靠廣告營收支撐。Google 一年有六百億美元進帳，以營收來看實際上是全球最大的廣告公司，新聞集團（News Corp，六十九億）、赫斯特（Hearst，四十億）、時代（Time，二十九億）都望塵莫及。[30] Google 二〇一五年的營收中，僅八十億來自非廣告業務，也難怪每次 Google 偏離這個成功公式，就會陷入麻煩。[31]

　　二〇一二年，Google 以一二五億美元收購摩托羅拉（Motorola），希望就此進軍硬體事業，但最終以二十九億轉售給聯想（Lenovo）。[32] Google 以三十二億買下的新創公司 Nest，困在公司最初的產品——學習型恆溫器（learning thermostat）。Nexus 平板同樣沒有做起來。[33] Google 的光纖部門在未能成為熱門高速網路服務後就被腰斬。[34] 就連引發熱議、揭開擴增實境（AR）序幕的 Google 眼鏡（Google Glass）也宣告失敗。[35] 最明顯的例子是由 Google 開創的自動車計劃，也被 Uber 和特斯拉搶走鋒頭。[36] 就好像 Google 總部裡有一隻看不見的手，凡是不符合公司廣告模式的計劃，全部都會失敗：「如果你無法立刻靠這樣東西賣出廣告，我們就會立刻終止計劃。」分散式創新會讓公司受限，就連 Google 也不例外。不論是稱為機密小隊任務、精實創業，或是企業創投使用的其他任何手法，如果說，高層能做的只是把公司內幾個聰明人關在小房間，給一點資金，接著祈禱研發出好東西，那麼資深領導階層就只能扮演邊緣角色。幸好，還有另一種管理創新的方式。

該有的介入？不必要的干預？

從陽光燦爛的矽谷往北八百英里，就是地處溫帶、冬季溼冷多雲的西雅圖，亞馬遜的總部就位在那裡。亞馬遜和 Google 一樣，失敗計劃不計其數，包括 Amazon Destinations（訂房）、Endless.com（高級時尚）、WebPay（P2P 支付）。[37] 執行長貝佐斯表示：「我在 Amazon.com 創造了數十億美元的失敗，這不是誇飾，是真的數十億。」[38]「失敗不好玩，但沒關係。公司要是不持續實驗，以失敗為成功之母，最終唯一能做的事，就是在公司快要完蛋時孤注一擲。我不相信那種押上全公司的賭。」貝佐斯和 Google 不一樣的地方，在於親自指揮亞馬遜各種實驗的方向。內部人士表示，貝佐斯是最高階的產品經理。某位前高階設計師表示：「我看見他和工業設計團隊，一起腦力激盪出瘋狂點子，或是與使用者介面團隊討論字體大小與互動流程。」[39] 另一位人員表示：「貝佐斯的願景是完全整合購物體驗中的每一個元素」。[40]

亞馬遜自從在一九九七年上市後，收購過近八十間公司[41]，幾年間開發出無數新事業。公司一開始賣書和 CD，接著提供流行服飾、影片串流、音樂串流、企業雲端運算

（AWS）、電子書、有聲書、Wi-Fi 智慧音箱。較為近期的嘗試包括收購 Whole Foods 超市，涉足高級農產品與新鮮雜貨的零售，以及事先處理好的食材與熟食外賣。

亞馬遜旗下有各式各樣的事業，不同事業體在發展時，通常手中資源各異，各自具備獨有的流程與獲利公式，提供終端用戶誘人的價值主張。有的販售硬體，有的販售服務；有的是「企業對消費者」（B2C），有的是企業對企業（B2B）。各事業體並未遵守單一信條。什麼都賣的亞馬遜，成長率令人羨慕，貝佐斯在幕後擔任仲裁長與推手，打破一切規則，公司資源得以自由流動。

亞馬遜進軍智慧型手機失敗後，貝佐斯公開承擔責任。亞馬遜的 Fire 手機搭載多組相機，可以模擬 3D 螢幕，使用者移動時能跟著改變影像。這個功能在派對上很炫，但很難稱得上殺手級應用。Fire 其他的功能，全都是依據亞馬遜自家服務設計，最大的賣點僅是協助消費者在亞馬遜購物，再加上第三方 app 數量少，消費者因此裹足不前。一年後，貝佐斯終止計劃，認賠一·七億美元。沒賣出的手機總價值達八千三百萬美元，最後堆著生灰塵。然而，貝佐斯告訴亞馬遜在矽谷的研發團隊 Lab126（此研究室曾研發出 Kindle 電子書），不必替 Fire 手機的慘敗感到難過，因為公司學到許多寶貴的事。

亞馬遜將研發手機時學到的事，應用在 Wi-Fi 智慧音箱 Amazon Echo 上。Echo 可以說是一種圓筒狀的 Siri，能接收人類指令，以女聲助理的形式結合搜尋引擎與人工智慧。貝佐斯從一開始便大力要 Echo 的千人團隊，加快腳步驗證稱為「技能」（skill）的第三方 app。第三方程式設計師可以輕鬆重複使用常見技能（例如：進到清單下一個選項、中途停止動作、回到原先選項、恢復動作），將基本功能整合成複雜功能。向第三方開發者開放自家系統，邏輯上聽起來順理成章，但如同第四章提到的 DARPA 美國國防高等研究計劃署的例子，打造出好用工具並鼓勵人們使用，實務上其實並不容易。

寒鴉研究（Jackdaw Research）創始人簡·道森（Jan Dawson）表示：「Google 理論上比亞馬遜更能做到這樣的事」。[42] Google 的虛擬助理靠 Google 無所不在的搜尋與全能演算法，在回答人類隨口拋出的隨機問題時，輕鬆打敗亞馬遜的 Echo，例如：「猴子平均身高多少？」Google 的使用者不必下達聲音指令，就能與語音助理進行較為符合直覺的對話式互動。儘管如此，Echo 依舊配備驚人的一萬五千種技能，包括 Uber（叫車）、Fitbit（檢視健康數值）、Mixologist（查詢雞尾酒食譜）、達美樂（Domino's，訂披薩），以及來自其他裝置製造商的應用程式，例如飛利浦（Philips）、三星（Samsung）、奇異公司。[43] 同時，Google 在二〇一七年六月三十日時，僅有三百七十種左右的語音 app，微軟更是只有六十五種。

Echo 配備如此大量的第三方 app，Google、微軟、蘋果似乎都動搖不了貝佐斯在語音家庭音箱市場的霸主地位。本書寫成的當下，亞馬遜在此一區塊的市占率是其他三位對手加總的兩倍。[44] Google 執行長皮蔡（Sundar Pichai）坦承：「要做到這麼好的話，我們必須和開發者與第三方好好合作，才能提供這些功能」。[45]

或許更重要的是，亞馬遜改變了後台營運的概念。二〇一二年，亞馬遜開始向外部顧客開放公司內部的伺服器──伺服器可說是所有網路公司的主幹。不論是 Netflix 或 Dropbox，事實上，任何公司都可以付錢使用亞馬遜的設備，不必自行打造昂貴的伺服器。那正是亞馬遜 AWS 服務背後的基本概念。AWS 是企業市場的雲端解決方案，也是貝佐斯靠後台設備獲利的新方法。後台設備一般被視為成本中心，而非營收來源。貝佐斯下定決心要搶到這筆生意，堅持平台上所有服務都要建構在開放 API 上，亞馬遜的伺服器因此能透過標準通訊協定，輕鬆與外部通訊。貝佐斯把這個策略指示寫在電子郵件中，信末加上帶有他個人風格的簽名檔：「任何不照做的人都會被開除。謝謝，祝各位有美好的一天！」

這種獨裁做法在 Google 是不可想像的事，然而就是這樣的干預，才有辦法打破大公司的部門之別。

執行長無法交代別人去做的事

芝加哥大學著名經濟學家理查・塞勒（Richard

Thaler），曾在某間大公司做過實驗，請高階主管評估某項投資：[46] 假設目前在公司的某部門有一個投資機會，投資結果有兩種。投資後，有五成機會可以獲利兩百萬（期望利得為一百萬），五成機會會損失一百萬（期望損失為五十萬）。有多少經理會選擇投資？塞勒還多加一層心安的保障：這間公司非常大，承受得起賠一百萬。就算數個計劃都沒成功，也不會害公司破產。

　　塞勒詢問的二十三位高階主管中，只有三位願意投資。為什麼大家幾乎是一致拒絕投資？因為主管們認為，計劃要是成功了，自己大概會領到一筆小獎金，但要是失敗了，大概會被解雇。他們全都喜歡自己的工作，因此沒人想冒險。然而，從執行長的角度來看，每一個計劃都是價值五十萬的期望利得，也因此想都不用想，就知道公司應該投資全部的機會，以求最大的可能獲利。所以說，即便是不必「賭上公司全部資源」的計劃，執行長有時也得吸收個別中階總經理不願意承擔的職涯風險。貝佐斯、施崇棠、賈伯斯做到了這件事。

　　在日益千變萬化的商業環境，企業必須快速行動，光採取分權式的創新模式還不夠。公司領袖必須動用自己的職權，支持具備市場知識的基層人員。這句話的意思不是要執行長事事插手，或是隨時以公司名義介入，但有時最高層的策略性介入相當關鍵。奇異前董事長與執行長傑克·威爾許（Jack Welch）就明白這個道理：「我最喜歡動用的特權，就是挑中一個問題，接著『深潛』（deep dive）一下，也就是找出你認為自己可以創造改變的挑戰……接著用自己的職權施力。我經常做這種事——我深潛到公司的每一個地方。」

一旦意識到「深潛」的概念，就會發現處處是改變的機會。[47]

執行長的深潛

前一章提到的共通點組織的子機構「社區解決方案」，總部位於紐約華爾街鬧區附近的少女巷（Maiden Lane）與水街（Water Street）之間。「社區解決方案」今日是完全獨立的機構。事實上，二〇一一年時，羅珊・哈格提便辭去「共通點組織」負責人的職位，讓前住宅營運計劃長布蘭達・羅森（Brenda Rosen）接替自己。

哈格提決定把全部時間都用在發展「社區解決方案」。這個組織並未擁有或經營自己的住宅單位，完全專注於推廣社福知識——許多人稱之為輕資產模式（light asset model）。她告訴我：「離開共通點組織不是困難的決定。因為多年來我都在思考這件事。我們〔在共通點組織〕做得很好，為自己能直接協助的人們找到家。然而許多年來，我變得愈來愈關切我們無法透過那個機制直接接觸到的人，我也很興奮我找到了方法。這樣的新型態工作〔知識擴散〕對我來說是很合理的轉換。」

雖然哈格提這麼說，我聽見消息時還是很震驚，忍不住想美國有多少執行長會願意拋下過往成績，重頭開始做起，不論新事業感覺多麼前途無限。人性喜歡熟悉的東西，也重視傳承。我進一步了解後得知，哈格提在永遠離開共通點組織、「社區解決方案」有辦法自立之前，曾經到組織各處深潛。

貝琪·坎尼斯的團隊最初發現應該關注「長期無家者」時，只不過是近距離觀察一小群樣本後得出的假設。沒有證據能證明這個策略會奏效，除了哈格提本人，大概沒人想賭這個點子。跟其他的例行專案不同，哈格提並未把提供長期遊民住房的任務交給職員執行，雖然這個計劃只牽涉十八位遊民而已。相較於共通點組織在紐約市經營的三棟住房建築，服務十八人對執行長來講似乎是太小的事。

但是，哈格提反而加快處理流程，她為了這少少幾位長期遊民，修改了共通點組織原本的住房政策。哈格提打電話給共通點組織的長期社福夥伴「都市社區服務中心」（Center for Urban Community Services, CUCS），請他們幫忙評估申請人。都市社區服務中心在協助精神病患方面遠比共通點更有經驗，而這些新的服務對象非常需要這項服務。哈格提接著要求共通點組織的住房營運部門要收容一定人數的長期遊民。

住房營運部門的人員不願意接受哈格提的命令。她笑著回想：「每個人都提出質疑：『我們的大樓要完蛋了。那些遊民會是可怕的房客。他們會毀了一切。那是一群瘋子！』」

管理人員抗拒哈格提的點子，認為那些潛在的房客不會準時交房租，甚至會破壞住屋設施──對每一位住房經理來講，那都是惡夢，因為他們要對年度預算負責。

哈格提為了減輕大家的恐懼，化解阻力，同意在新房客陸續入住後，持續追蹤他們造成的影響。她也請都市社區服務中心提供額外的資源，萬一需要更多密集的精神干預治療，中心將伸出援手。哈格提甚至保證萬一出現新的經費需求，她本人絕對會全數核准。

十八個月後，幾乎沒出現任何負面影響。哈格提解釋：「這次也一樣，我們預先設想了可能發生的局面，但事情並未演變成那樣。我們還以為〔長期遊民〕會需要大量的心理健康服務，以協助他們適應新環境。我們錯了。」她回憶：「長年住在街上的人，他們憑直覺就有辦法適應環境，到哪都能生存。唯一多出的工作，就是辦公室經理必須協助他們到銀行開戶理財。遊民在這方面才需要額外的協助。」

先前的章節提過，把心力集中在協助那十八位人士，證明了讓長期遊民有地方住，帶來了讓社區改頭換面的效果。不只那十八個人不再露宿街頭，時代廣場所有的遊民都開始消失。人們深刻了解到「住所優先」的重要性後，接下來帶來極度成功的「十萬有家運動」。瞄準最有能見度的遊民，提供他們會想要的住處，連帶讓其他待在街上的時間沒那麼長的人，也願意接受協助。

但萬一呢？

想像一個平行宇宙。在那個世界，哈格提或施崇棠沒有插手，兩位領導人投下震撼彈後就走開，要低階經理想辦法處理執行計劃的現實。

共通點組織的經理自然會繼續討價還價，在安置任何長期遊民之前，得先遊說住房營運的人——在這種情況下，整個計劃很容易就變調。

至於華碩，經理自然會因為公司原先的各種政策，被捲入無止盡的爭論之中——啟用亞洲以外的軟體供應商、以不可接受的低價位販售筆電、測試方法是將第一批產品贈送給終端使用者。Eee PC 將得花數個月，甚至是數年，才可能上市，也可能錯過關鍵時機。

一位產品經理表示：「有時 Eee PC 團隊以外的人認為，這個計劃會失敗……我們也需要請筆電部門支援大量技術人力。我們要求資源時會帶來大量摩擦，不過施先生親自讓那些『雜音』消失。」想像平行宇宙是很有趣的事，可以帶給我們啟發——各位好奇的話，實際情況是最初的 Eee PC 專案小組，日後成為新事業部門，繼續擴編，負責製造消費者電子產品，而不是生產高階筆電。到那個階段後，施崇棠認為再也不必監督 Eee PC 的日常營運，才指派兩名高階主管監督接下來的事業發展。他自己則到公司其他地方繼續深潛。

所以結論是，必要的創新變得具備顛覆性時，指派適當的團隊人選，授權讓團隊放手去做，將是必要的步驟，不過這還不夠。如同第一部諾華與寶僑的例子，每次組織成功跳進新知識基礎，資深領導者不能只是擬定策略，還得親自執行。企業領導者必須吸收中階經理通常不願承擔的職涯風險。成功需要動用知識的力量，也需要有職權的人出手。企業最高層所展現的創業精神與相對應的行為，或許正是執行長最關鍵的功能，無法交給其他人負責。高階主管的最主要職責就在這裡。

———— 結語 ————

在任何產業，都能躍競

　　握有持久的競爭優勢是每一位主管都羨慕的事。曾經
有一度，業界以為垂直整合、掌控生產系統的每一個階段，
就能帶給企業無可匹敵的優勢。這也是為什麼企業會自行
一手包辦研發、製造、銷售、行銷。規模很重要，範疇經
濟（economics of scope）為王。這種策略讓通用汽車、奇
異、IBM 在上個世紀中葉成為產業巨擘。接著日本興起，由
Sony、豐田、本田、東芝等企業領軍，品質管制、六標準差
（Six Sigma）、精實生產成為顯學。到一九九〇年代尾聲，
Dell 成為霸主，將供應鏈的次要零組件全數外包，只專注於

公司核心能力，帶來過人的表現。然而，每一次管理世界出現似乎大有可為的創新，就愈顯得永續優勢是不可能的任務。

本書從紡織製造的大型競賽開始談起，一批又一批的後起之秀，接連取代產業前輩，但接著自己也被新進者打敗。一八五〇年代，英國一半的出口品是棉製品。到二十世紀初期，英國工廠更是製造全球近一半的棉布。然而，不到二十年，美國廠就取而代之，接著又被新一波的競爭者超越，紡織業霸主再度換人。這一次是亞洲出頭：日本、香港業者先崛起，再來是台灣和南韓，最後是中國、印度、孟加拉。競爭持續蔓延，英美製造盆地一度人口興旺的大型工業城，成為無人的鬼城。工業建築物被改造挪為他用，或者完全廢棄。

然而，紡織業不是特例。從重型機械商到家電製造商，從車廠、太陽能板業者到風力發電機廠商，先進者不斷被取代。如果用名列標普 500 的公司當指標，就會發現企業的平均壽命自一九二〇年代的六十七年，縮短至今日的十五年。美國企業執行長的平均任期也在過去三十年間不斷縮短。[1]我們活在加速變化的世界。

競爭優勢是一時的，那也是為什麼一百多年前，德國藥廠赫斯特抱怨被瑞士的汽巴、嘉基、山德士抄襲。瑞士被法國稱為「仿冒者之地」，一直要到一八八八年才出現專利法。地方上的化學家可以自由模仿外國的發明，甚至被鼓勵模仿。赫斯特實驗室研發出史上第一款合成退燒藥「安替比林」後，全球銷量好到供不應求——結果瑞士一破解就立刻就開始賣模仿藥。有機化學是創新的溫床。

　　接著在弗萊明發現抗生素盤尼西林後，大家才知道下一個暢銷藥將不只來自化學，而是來自微生物學這個全新領域。二戰結束後沒多久，歐美的新興藥廠立刻在全球成立土壤篩選計劃，在異國真菌中尋找新搖錢樹，希望能開發出藥效更強大的抗生素。田野工作者帶回墓園的土壤，還把氣球放到空中，蒐集風中的粒子樣本。他們爬進礦井，攀至山頂，無處不至。微生物研究取代有機化學，一躍成為科學發現的關鍵領域。深槽發酵與藥物純化等新技術問世後，全球的傳染病更是大幅減少。一度令人痛苦煎熬、失去性命的傳染病，如今變成可以治癒的小病。

　　緊接著出現的是一九七〇年代的生技革命。科學家驚歎於細胞核中染色體的各種突破性發現，接著依據相關發現重組 DNA 分子，讓細菌替糖尿病製造胰島素，合成其他眾多無法從大自然中大量取得的有效成分。今日，有了完整的人類基因體掃描與計算應用的進展，基因工程基本上已經全面數位化。科學家正在發現分子通道，也就是罕見癌症的生物基礎。我們已轉移到新的知識前線，這次是基因體學與生物工程學。

　　今日，待在產業前線需要設備齊全的實驗室、大筆預算、大型研究團隊。光是瑞士的諾華，二〇一四年的研發經費就近百億美元。同年,諾華與羅氏兩家大廠的市值持續上升,總計超過四千億美元。從癌症治療到 HIV 治療,西方先驅持續領導全球產業進行最新研發。

在汽車產業,全球競爭讓底特律一蹶不振,淪為美國鏽帶首府。諾華與羅氏的所在地巴塞爾,卻似乎永遠財源滾滾,居民繼續享有西歐最高的生活水準。然而,製藥業的資本支出,還不足以解釋為什麼新興國家的後起之秀尚未取代西方的先進者。事實上,二十世紀初期,美國取代英國成為最大的紡織輸出國,對當時的美國來講,資本支出、商業秘密、專利保護幾乎不是挑戰。重型機械、風力發電機、太陽能板、個人電腦、手機、汽車也一樣,先進者永遠免不了被後進者取代。藥廠的歷史顯示,轉換知識領域(自化學到微生物學,再到基因體學)替積極的先進者開啟了新路。永續優勢不是一種企業能試圖獲得的烏托邦。唯有靠不斷獲得新知識,改變遊戲規則,先進者才有創新的空間,才能避免被後進者取代。這才是讓百年藥廠青春永駐的仙丹。

未來競爭

唯有鑑往知來,了解過去才有意義。我們因此必須問:「我們如何找到下一個新前線?下一次是哪個領域的競賽規則會被重寫?」而答案就在這三個槓桿點:無處不在的連結、銳不可當的智慧機器、人類正在改變的工作角色。這三點將在接下來數十年影響著多數企業,成為商業日常生活的一部分。企業必須在這三點的交會處重寫出有利於自己的遊戲規則。

　　如同史坦威的鋼琴工藝被山葉的量產擊垮，今日的決策方式也發生新的變化。新競爭者不再仰賴公司內部少數幾位經驗豐富的管理者提出主觀判斷，改成仰賴群眾智慧。如同量產在工業革命時代改變了工匠，群眾智慧也正在轉型數位革命時代的決策模式。

　　微信與 DARPA 的例子證明，要擁抱開放式合作，不能只是徵求自願者，一定要遵守以下原則：將複雜問題分成小單元，開發能協助群眾的工具，接著將工具交到每個人手中。這個步驟如果做得好，業餘人士真的有可能解開最棘手的技術問題。

　　另一個槓桿點是人類直覺的自動化。Google 的 AlphaGo 在圍棋賽中打敗人類棋手，讓人看出 Google 努力跑在競爭者前面。Google、Facebook、IBM、微軟等科技大廠，全都成立研究機器學習的公司實驗室。日本 Recruit 控股集團除了旗下事業包括分類廣告、出版、人力資源，也逐步拓展自家的人工智慧實驗室，並將設備開放給客戶，讓美容院與餐廳等小型商家，也能直接利用世界級的數據設備。然而，一個很重要的關鍵在於，Recruit 龐大的銷售團隊與支援人員，持續扮演著將顧客帶到機器學習平台的關鍵角色。大量的辦公室工作自動化後，新系統不會讓所有的員工都變成冗員，只是釋放出那部分的人力，人腦改為替更崇高的目標努力。第三個槓桿點在此時出現：透過增加創意，融合人工智慧與人類專長。

　　在預測分析與機器學習的浪潮之中，不要忘了小數據的重要性。在我們的社會產生與保留愈來愈多數據的同時，人類同理心與人類學觀察卻也變得更加重要。共通點組織的哈格提、奇異公司的道格・迪茲、寶僑的克勞蒂亞・科奇卡都證明，企業無法光靠大數據，也必須弄懂富數據（rich data）與深數據（deep data），更不能忘了小數據。企業必須靠著人類創意勝過機器的領域勝出。不論是消費者產品公司，或是產業服務公司，全都得了解人性，明白人性受欲望與情緒的力量驅使。在線上數據洪水愈來愈勢不可當的世界，小數據只會更加重要。

　　未來競爭的三個槓桿點包括：一、無處不在的連結力；二、來勢洶洶的智慧機器；三、進一步強調以人為本的創意。企業領袖必須認真回應這三件事，採取行動，不能只是意識到潮流而已。光有洞見還不夠，策略與執行密不可分。新點子必須化為日常行動與營運戰術，否則先進者依舊有可能被取代。如果說史坦威、通用汽車、Panasonic 與無數的紡織廠這些跌倒的先進者有什麼共通之處，那就是它們在試圖抵擋低成本的模仿者時，不願意接受為了公司的長久永續，必須把自我蠶食當成不可避免的成本。相較之下，寶僑、諾華、蘋果、亞馬遜等有遠見的先進者則知道，必須搶先讓自家新產品吃掉舊產品的市占率。自我蠶食是一種反直覺的行動，這也是為什麼執行長的介入或深潛將是關鍵：最高階的主管必須親自介入，克服特定障礙，例如諾華執行長魏思樂在新藥「基利克」的關鍵研發時刻表示：「錢沒關係，我們就做吧。」寶僑最後一任家族董事長威廉‧庫伯‧寶特支持開發合成清潔劑時表示：「這東西或許會摧毀我們的肥皂事業，但如果肥皂事業注定被摧毀，最好由寶僑親自動手。」

美國鏽帶城市的居民遭逢太真實的苦難──失業、去都市化、高成癮率、上升的犯罪率、縮短的預期壽命、自殺。然而，如果說紡織製造是一則悲慘的故事，是全球競爭的受害者，有一個同樣古老、甚至歷史更悠久的產業則給了我們希望：農業設備產業。在那個產業，有一間公司不只存活下來，還欣欣向榮超過一百五十年。

人人都能跳嗎？

一八三六年，美國東北新英格蘭的佛蒙特州，一名三十二歲的鐵匠決定搬到西部。當時是農業時代，美國人口正在往西部擴散，省力裝置與新型農業技術也跟著遷移。然而，美國人抵達中西部大草原時，新的土壤令他們吃足苦頭。老家新英格蘭的肥沃土壤接近黏土與沙的混合體，大草原的土壤則黏密有如膠狀，每隔一年就變得更密實。鐵鑄犁就像熱刀子劃過奶油一般，能夠輕鬆挖進美東的土壤，但碰上西北部的黏性土壤一下子就變鈍。

搬到伊利諾伊州大迪圖爾（Grand Detour）的年輕鐵

匠，整天都在聽農夫抱怨。有一天，他路過地方上一間液壓廠，看見角落有壞掉的鋼鐵葉片，決定拿來黏在鐵犁板上，試著做出能大力掘土、不會沾黏土屑的犁。農夫再也不必每鬆幾碼長的田，就必須刮掉犁板上黏答答的泥土。[2] 這種會自行脫土的鋼犁馬上大受歡迎。這位聰明的發明家日後表示：「我最棒的產品，才會放上我的名字。」[3] 這位堅持又細心的鐵匠，正如不斷拓展、正在急速開發的美國拓荒前線[4]，他的名字是約翰・迪爾（John Deere），也就是同名的「強鹿」（John Deere）品牌創始人。

迪爾的家族企業在二兒子查爾斯・迪爾（Charles Deere）的領導下，透過「交易所」（branch house，一種原始的獨立經銷商網絡）販售馬拉的犁、耙、手推車、料車。查爾斯・迪爾和商家簽約，業主除了販售強鹿的犁，也賣其他製造商的輔助設備，其中包括強鹿競爭者的產品。當然，這種銷售策略的妙處，在於方便農夫向同一位推銷員買到所有的東西，強鹿還能以佣金的形式，分到對手的利潤，而且再也不必只靠自己的資金，獨立拓展公司的銷售版圖。

不必說，強鹿碰上的史上第一次科技顛覆就是汽油引擎。雖然進入新世紀時，強鹿已經是農用工具的製造龍頭，但機動車問世後，不論是在田地或城市，馬匹顯然都將被取代。不得不和福特與通用等車廠競爭的責任，重重落在第三代執行長威廉・巴特沃斯（William Butterworth，查爾斯・迪爾的女婿）的肩上。

有很長一段時間，巴特沃斯考慮專門生產犁，外加供應車廠高效能的工具。那等於是採取保守策略，堅守老本行。然而，事關公司存亡：畜力的時代已經過去。如果強鹿還想在農業世界占有一席之地，就必須進入牽引機事業。就像生技工程革命後，藥廠搶著收購生技新創公司，強鹿也大膽買下「滑鐵盧汽油牽引引擎公司」（Waterloo Gasoline Traction Engine Company）。強鹿幾乎一夜之間就從賣犁的公司變成牽引機製造商。強鹿收購完工廠後第一年，賣出五千六百三十四台「滑鐵盧男孩」（Waterloo Boy）。強鹿從製犁所需的冶金領域，跳往機械工程的世界。

約翰‧迪爾的曾孫、強鹿的第四代領導人查爾斯‧迪爾‧懷曼（Charles Deere Wiman），在一九三〇年代撐過美國的經濟大恐慌後，找上紐約的德雷夫斯設計公司（Henry Dreyfuss and Associates），請對方把強鹿的牽引機改成流線型設計，增添美感。[5] 德雷夫斯是美國工業設計先驅，設計團隊把牽引機的轉向軸封起來，增設電動啟動器與車燈，再加上網罩與散熱罩，又用金屬蓋把整台引擎包起來，還為了增加能見度而縮減了寬度。種種設計變動的目的是讓整台牽引機變大台，創造「又大又有力的效果」。[6]

等到執行長比爾‧休伊特（Bill Hewitt）上台的年代，時尚已經不是都市奢侈品的專利。休伊特是產品上市行銷的高手，他在總部位於達拉斯（Dallas）的時髦百貨公司尼曼馬庫斯（Neiman Marcus），讓民眾大開眼界。休伊特把一台嶄新的牽引機擺在珠寶部門一個超大禮物盒裡，天鵝絨絲帶被剪開時，興奮的群眾聚集過來，包裝拆掉後，一台閃閃發亮的黃綠色牽引機呈現在世人眼前，「強鹿」兩個大字映入眼簾，鑽石裝點著車蓋與排氣管。[7] 晚上，在響亮的號角聲中，德州風的烤肉大會與民同樂，現場還放起煙火。強鹿的四缸牽引機除了是前所未有的強大機器，也絕對是時尚代言人。

到了一九六〇年代，強鹿完美混合奠定公司基礎的冶金知識，以及透過收購滑鐵盧汽油公司而來的機械工程知識，再加上第一流的工業設計與行銷。如同第一部提到的寶僑，不同知識領域之間的結合，解釋了為什麼公司能歷久不衰。一九六三年，強鹿超越萬國收割機公司（International Harvester），成為全球最大農業與工業製造商，專門販售牽引機等設備。強鹿的年銷售達二六六億美元，員工超過五萬六千人，今日依舊是農業機械產業的霸主，總部位於公司的發源地伊利諾伊州。

不只如此，早在 Google 與特斯拉開始研發無人駕駛汽車前，強鹿就是全美自動駕駛牽引機的先進者。[8] 如同第二章所有的例子，強鹿利用無所不在的連結與人工智慧，抵擋產業後進者的攻勢，包括印度孟買的馬亨達（Mahindra & Mahindra）。馬亨達是市值一百三十億美元的汽機車製造公司，替印度鄉村製造低成本的牽引機。強鹿無法靠價格取勝，也不願這麼做，因此它讓自家的「7760 採棉機」（7760 cotton stripper）同時結合 GPS、感應功能與自動化，成為令人驚艷的科技新品。爬上駕駛座有點像是進入太空船，駕駛者四周的電腦顯示器會報告現況，收割機犁過田地時，例如在集棉時，輸送帶會間歇性啟動，將棉花捲成一綑一綑的，接著用塑膠膜封膜保護。駕駛只需要在收完每一排棉花後迴轉，就能繼續收成，什麼都不必做。[9] 商品作物農業在美國早已高度精準化與自動化，就連家庭式經營的農場也一樣。[10]

平台化與共享開發

儘管如此，自動化的牽引機與收割機帶來的成長有限。農夫最終希望讓整體的農業生產都能最佳化，也就是必須連結農業機器與灌溉系統，以及連結土壤、養料來源與氣候、作物價格、商品期貨的資訊。[11] 所以強鹿推出「MyJohnDeere」，將強鹿設備連結至其他機器、業主、設備操作者、交易商、農業顧問。此軟體分析透過感測器蒐集個人數據，再整合從氣候、土壤條件一直到作物特徵等無所不包的歷史數據。在在顯示了第四章與第五章的平台策略的重要性。各產業的現況是，利潤從傳統製造商跑到平台供應者。依據估算，全球智慧型手機二〇一六年的利潤，有91％到了蘋果手中。蘋果唯一真正的敵人自然是 Google，而 Google 能夠成功的主因是 Google 也是受歡迎的平台建立者。三星製作出色的智慧型手機，卻分到很少的利潤。[12] 服務產業也可能出現令人擔憂的類似趨勢。《經濟學人》分析銀行業未來的文章指出，大型銀行真正的隱憂不是被 Fintech 新創公司取代，而是利潤萎縮，地位不穩，未來「成為某種金融公用事業──無處不在但被高度管制，缺乏吸引力且利潤微薄。」[13]強鹿和前文 Recruit 控股的例子一樣，聰明地在自己的產業裡成為平台商。

不過，強鹿的資深管理階層也明白，強鹿和其他多數公司一樣，員工聰明勤奮，但畢竟只是普通人，也因此高層在推動事業時充滿野心卻也相當務實。二〇一〇年退休的前執行長鮑伯・連恩（Bob Lane）表示：「我們公司的確有幾位天才，但大部分的人不是。」強鹿因此抱持第四章提到的開放式創新精神，二〇一三年將「MyJohnDeere」開放給第三方，允許輸入供應商、農業零售商、地方農學家、軟體公司開發自己的應用。杜邦先鋒（DuPont Pioneer）的行銷長艾瑞克・波客（Eric Boeck）指出：「〔舉例來說〕，加進收割後的氮計劃檢討，可以協助種植者在一年四季了解自己的田地發生什麼事，以及背後的原因。」杜邦先鋒是化工大廠杜邦（DuPont）的農學部門。杜邦今日與強鹿共享數據，好讓農民能在「關鍵的作物輸入與設備最佳化方面，做出更有依據的決定。」強鹿的事業方案經理凱文・費里（Kevin Very）解釋：「當種植者選擇分享自己的數據時……就能帶來全新的進階管理洞見。」費里認為開放性的結盟有好處：「安排設備與勞動力時會更有效率。」[14]

強鹿在追求與「電腦視覺」和「機器學習」相關的新知識領域時，最重大的投資或許是在舊金山成立「強鹿實驗室」（John Deere Labs）。由智慧型手機控制的牽引機，透過 GPS 與智慧型感應器自行導航，自動得知需要噴灑多少肥料，「精準農業」（precision farming）成為勢不可當的潮流——將相連的裝置與機器學習結合在一起，帶來更快、更準確的決定，有可能工作一整天都不需要農夫介入。實驗室為什麼設在舊金山？強鹿實驗室主持人艾力克斯・柏迪（Alex Purdy）解釋，他的公司從以前就花很多時間待在舊金山灣區，與科技業的各家合作夥伴見面：「我們經常租旅館房間。」[15]

美國工業心臟地帶許多威風一時的大企業，在全球競爭中敗陣，強鹿則是一路挺到今日的出色範例。強鹿和諾華、寶橋一樣，在一百五十多年間，隨時間不斷演變，今日依舊是農業設備的世界級領導者。不論哪一種產業，都可能大幅重寫遊戲規則，需要以全新的知識領域來支持轉變。任何先進者都可能免於被模仿者取代——如果就連伊利諾伊州做犁的製造商，都能靠著和瑞士藥廠一樣的方法，從一個知識領域跳向另一個，帶動公司發展，任何人都做得到。我們都能欣欣向榮，即使身處事事皆可模仿的世界也一樣。

本書從歷史故事開始，是一本西方先進企業的紀要。有的企業失敗，有的倖存，有的長青。不過，這也是一本給未來的教戰守則。更重要的是，這是一本宣言，呼籲先進者重新思考旗下事業、自己與顧客的關係，以及公司存在的理由。各位的組織就和其他所有大大小小的公司一樣，具備傳統優勢與重要產品，也因此能夠走到今天。你的顧客、你的地方社群、所有與你相關的人，全都仰賴著你，靠你的創新擁有明天。沒有所謂的最佳時機，趁現在時間還夠，現在就開始，讓我們一起跳。

謝　辭

　　要寫出一本書，除了作者本人必須投入時間，還需要
出動一整個村莊協助。村民忍受作者奇奇怪怪的工作習慣，
鼎力相助。每個第一次寫書的人都知道，自己將需要眾人伸
出援手。所有的商學院教授，不論他們是否教授主管教育課
程，也都知道寫作中的人，永遠需要教學同仁的協助。

　　首先，我最要感謝洛桑國際管理發展學院（IMD）的
院長曼左尼（Jean-François Manzoni），他一直提醒我寫書
期間要減課，才有辦法又做研究又寫作，好好替本書打下
基礎。我很幸運在 IMD 交到一群很優秀的朋友，與那個小
圈子一起討論點子，直到點子成型，寫進本書。從我加入

IMD 的第一天，湯姆‧曼奈特（Tom Malnight）與巴拉‧查克拉瓦西（Bala Chakravarthy）就是我的良師益友。本書還僅是提案時，他們率先型塑我的思考。我借用了許多研究同仁的點子，深受他們　發，包括：Bill Fischer、Misiek Piskorski、Carlos Cordon、Albrecht Enders、Bettina Buechel、Shlomo Ben-Hur、Goutam Challagalla、Dominique Turpin、Anand Narasimhan、Stefan Michel、Cyril Bouquet、Naoshi Takatsu。除了 IMD 的同仁，我也得到其他人的大量協助，包括：金偉燦（W. Chan Kim）、哈維‧卡斯塔那（Xavier Castaner）、伊拉‧利夫舒茲（Hila Lifshitz）、詹恩‧安卓斯（Jan Ondrus），他們挑戰我對於創新的想法。最重要的是，這本我人生的第一本著作，基本架構直接源自我的博士班訓練。我對於企業策略的理解，深受幾位大師影響，包括：約瑟夫‧鮑爾（Joseph Bower）、克雷頓‧克里斯汀生（Clayton Christensen）、史兆威（Willy Shih）、湯姆‧艾森曼（Tom Eisenmann）、詹恩‧瑞夫金（Jan Rivkin）。

　　人們常說，商業書不能只是紙上談兵。我能從理論，到實際踏進企業的世界，要感謝各企業大方的主管讓我一窺他們的公司，還忍受吃飯時我的書呆子發言。我要感謝他們提供的洞見與耐心：Jørgen Vig Knudstorp、Rosanne Haggerty、Becky Kanis、Paul Howard、Jake Maguire、施崇棠先生、李嚴瑩、Eagle Yi、Xi Yang、Eduardo Andrade。

　　我也深深感謝 PublicAffairs 團隊，尤其是我充滿智慧的編輯科琳・羅里（Colleen Lawrie），她讓這本書的立論變得更強。我也感謝有一雙銳利眼睛的審稿人艾瑞絲・巴斯（Iris Bass），讓這本書變得更嚴謹，憑我自己是做不到的。感謝宣傳喬西・厄文（Josie Urwin）、行銷總監琳賽・法藍寇夫（Lindsay Fradkoff）、資深專案編輯珊卓・貝里思（Sandra Beris）。此外，我在 Aevitas Creative 的經紀人艾斯蒙・哈維斯（Esmond Harmsworth）比我還相信這本書會成功，一路守護這本書，讓這本書能夠問世。他在我太容易被其他事拉走的時候，讓我專心做真正重要的事。我還要感謝博學又認真的詹姆士・伯格（James Pogue）負責本書的查證。也感謝貝佛利・列農（Beverley Lennox）協助校對最終的版本，在緊迫的期限內拯救我，永遠臨時幫忙救火。最後，謝謝馬克・佛提爾（Mark Fortier）與露西・傑—甘迺迪（Lucy Jay-Kennedy），讓更多人聽說了這本書的存在。

　　寫書理論上得靠自己挑燈夜戰，但我不曾感到寂寞。總是很了解我的弟弟俞堃（Kenny），在我變得太自大時適時地調侃我。我的母親吳慧珉（Fiona）永遠相信我的潛能。因為有她以及已經過世的父親俞淵，一個大學畢業後身上沒錢的初階銀行員，我才有可能申請哈佛商學院博士班。父母能給孩子最好的禮物，就是相信孩子，鼓勵孩子追求連他們自己都不太明白的事。最後我要感謝布蘭登（Brendan）在過去八年支持我，時時提醒我未能留意的事，教我更懂得為人著想，每一天和我一起持續成長。

注　釋

前言

1. Daniel Augustus Tompkins, *Cotton Mill, Commercial Features: A Text-Book for the Use of Textile Schools and Investors* (n.p.: Forgotten Books, 2015), 189.

2. Allen Tullos, *Habits of Industry: White Culture and the Transformation of the Carolina Piedmont* (Chapel Hill: University of North Carolina Press, 1989), 143.

3. "A Standard Time Achieved, Railroads in the 1880s," American-Rails. com, accessed September 8, 2017, http://www.american-rails.com/1880s. html.

4. Piedmont Air-Line System (1882), "Piedmont Air-Line System (advertisement)," J. H. Chataigne, retrieved September 8, 2017.

5. Pietra Rivoli, *The Travels of a T-Shirt in the Global Economy: An Economist Examines the Markets, Power, and Politics of World Trade*, 2nd ed. (Hoboken, NJ: Wiley, 2015), 100.

6. Alexandra Harney, *The China Price: The True Cost of Chinese Competitive Advantage* (New York: Penguin Press, 2009), chap. 1.

7. "Piedmont Manufacturing Company (Designation Withdrawn) | National Historic Landmarks Program," National Parks Service, accessed September 9, 2017, https://www.nps.gov/nhl/find/withdrawn/piedmont. htm.

8. "Oral History," The Greenville Textile Heritage Society, accessed March 11, 2018, http://greenvil le-textile-heritage-society.org/oral-history/.

9. Clayton M. Christensen, "The Rigid Disk Drive Industry: A History of Commercial and Technological Turbulence," *Business History Review* 67, no. 4 (1993): 533–534, doi:10.2307/3116804.

10. "Novartis AG," AnnualReports.com, accessed February 3, 2018, http:// www.annualreports.com/Company/novartis-ag.

第一章

1. "FDNY vintage fire truck, 1875- Photos- FDNY Turns 150: Fire Trucks Through the Years," *New York Daily News*, April 25, 2015, accessed February 3, 2018, https://web.archive.org/web/20170608165852/ http://www.nydailynews.com/news/fdny-turns-150-fire-trucks-years-gallery-1.2198984 ?pmSlide=1.2198967.

2. "Steinway & Sons | The Steinway Advantage," accessed February 3, 2018, https://web.archive.org/web/20170611062352/http://www. steinwayshowrooms.com/about-us/the-steinway-advantage; Danne Polk, "Steinway Factory Tour," accessed February 3, 2018, https://web.archive. org/web/20150225093233/http://www.ilovesteinway.com/steinway/ articles/steinway_factory_tour.cfm. 亦見： "Steinway & Sons," www. queensscene.com, accessed March 12, 2018, http://www.queensscene. com/news/2014-08-01/Lifestyle/SteinwaySons.html.

3. Ricky W. Griffin, Management (Australia: South-Western Cengage Learning, 2013), 30-31. "Steinway Factory Tour | Steinway Hall Texas," accessed February 3, 2018, https://web.archive.org/ web/20160330202353/http://www.steinwaypianos.com/instruments/ steinway/factory.

4. Matthew L. Wald, "Piano-Making at Steinway: Brute Force and a Fine Hand," *New York Times*, March 28, 1991, http://www.nytimes. com/1991/03/28/business/piano-making-at-steinway-brute-force-and-a-

fine-hand.html.

5. Michael Lenehan, "The Quality of the Instrument," *Atlantic*, August 1982, 46.

6. Joseph M. Hall and M. Eric Johnson, "When Should a Process Be Art, Not Science?" *Harvard Business Review*, March 2009, 59–65.

7. James Barron, *Piano: The Making of a Steinway Concert Grand* (New York: Times Books, 2006), xviii.

8. "Arthur Rubinstein," Steinway & Sons, accessed January 31, 2017, https://www.steinway.com/artists/arthur-rubinstein. 遠遠更為完整的史坦威公司史，請見權威版本的解釋：Richard K. Lieberman, *Steinway & Sons* (New Haven, CT: Yale University Press, 1995), 139.

9. "A Sound Investment | Steinway Hall Texas," accessed February 3, 2018, https://web.archive.org/web/20170614055826/http://www.steinwaypianos.com/kb/resources/investment.

10. Elizabeth Weiss, "Why Pianists Care About the Steinway Sale," Currency (blog), September 13, 2013, accessed January 31, 2017, http://www.newyorker.com/online/blogs/currency/2013/09/why-pianists-care-about-the-steinway-sale.html.

11. Plowboy, "As Predicted—Steinway's Other Shoe Falls" [re: Steve Cohen], August 14, 2013, http://www.pianoworld.com/forum/ubbthreads.php/topics/2133374.html.

12. "Steinway & Sons | About Steinway Hall," accessed February 3, 2018, https://web.archive.org/web/20170706195110/http://www.steinwayshowrooms.com:80/steinway-hall/about; "Steinway Hall: A Place for the Piano in Music, Craft, Commerce and Technology," LaGuardia and Wagner Archives, January 1, 1970, accessed February 3, 2018, http://laguardiawagnerarchives.blogspot.ch/2016/04/steinway-hall-place-for-piano-in-music.html; Richard K. Lieberman, Steinway & Sons (Toronto: CNIB, 1999), 146–152.

13. The Steinway Collection, February 1–23, 1968, box 040241, folder 23, Henry Z. Steinway, LaGuardia and Wagner Archives.

14. "How Yamaha Became Part of the U.S. Landscape," *Music Trades*, July 1, 2010.

15. 改寫自："How Yamaha Became Part of the U.S. Landscape." 本節的許多資料分析取自備受業界敬重的市場刊物《音樂貿易》（*The Music Trade*）；請見："Yamaha's First Century," August 1987, 50–72.

16. Peter Goodman, "Yamaha Threatens the Steinway Grand: The Steinway/ Yamaha War," *Entertainment*, January 28, 1988.

17. 同前。

18. 同前。

19. *Music Trades*, Vol. 135, Issues 7–12 (Englewood, NJ: Music Trades Corp., 1987), 69, accessed March 15, 2018, https://books.google.com/books ?id =NjAAAAMAAJ&g=robert+p.+bull+%22yamaha%22+1964+piano&d g=robert+p.+bul1+%22Zyamaha%22+1964+piano&hl=en&sa= X&ved =OahUK.EwiL l-X500zZAh Vl04MKHTuFC04Q6AEIKDAA. "On Yamaha's Assembly Line," *New York Times*, February 22, 1981.

20. 此處的模型靈感源自兩本重要著作。羅傑·馬丁（Roger Martin）在《設計思考就是這麼回事》（*In Design of Business*）一書中，提出一般性知識會不斷演化的本質。我認為他是提出「知識漏斗」一詞的第一人（見第一章，頁 1-28；Cambridge, MA: Harvard Business Review Press, 2009）。另一本具備重大影響力的著作是克雷頓·克里斯汀生（Clayton Christensen）等人的《創新者的處方》（*Innovator's Prescription*），書中提到科技如何將複雜的直覺，轉換成有規則可循的任務（見第二章第 35-72 頁；New York: McGraw-Hill Education）。不過，此處提出的模型側重國際競爭造成的結果。

21. Siddhartha Mukherjee, *The Emperor of All Maladies: A Biography of Cancer* (New York: Scribner, 2010), 81.

22. David J. Jeremy, *Transatlantic Industrial Revolution: The Diffusion of Textile Technologies Between Britain and America, 1790–1830s* (Cambridge, MA: MIT Press, 1981), 36–37.

23. Robert F. Dalzell, *Enterprising Elite: The Boston Associates and the World They Made* (Cambridge, MA: Harvard University Press, 1987), 5.

24. Charles R. Morris, *The Dawn of Innovation: The First American Industrial Revolution* (New York: PublicAffairs, 2012), 92–93.

25. Mary B. Rose, *Firms, Networks, and Business Values: The British and American Cotton Industries since 1750* (Cambridge, UK: Cambridge University Press, 2000), 41; quoted in Pietra Rivoli, The Travels of a T-Shirt in the Global Economy, 2nd ed. (Hoboken, NJ: John Wiley & Sons, 2009), 96.

26. Tom Nicholas and Matthew Guilford, "Samuel Slater & Francis Cabot Lowell: The Factory System in U.S. Cotton Manufacturing," HBS No.

814-065 (Boston: Harvard Business School Publishing, 2014).

27. 同前。

28. Dalzell, *Enterprising Elite*, 95–96.

29. Rivoli, *Travels of a T-Shirt*, 97.

30. Henry Z. Steinway private letters, Henry Z. Steinway Archive, February 12, 1993, La Guardia and Wagner Archives.

31. Garvin, David A., "Steinway & Sons," Harvard Business School Case 682–025, September 1981 (rev. September 1986).

32. Carliss Y. Baldwin and Kim B. Clark, "Capital-Budgeting Systems and Capabilities Investments in U.S. Companies After the Second World War," *Business History Review 68*, no. 1 (Spring 1994), http://www.jstor.org/stable/3117016.

33. Cyb Art (website built by), "Steinway History," accessed March 11, 2018. http://steinwayhistory.com/october-1969-in-steinway-piano-history/.

34. Robert Palmieri, *The Piano: An Encyclopedia*, 2nd ed. (New York: Routledge, 2003), 411.

35. "Pianos and Parts Thereof: Report to the President on Investigation No TEA-I-14 Under Section 30l(b)(a) of the Trade Expansion Act of 1962," United States Tariff Commission, December 1969, accessed March 15, 2018, https://www.usitc.gov/publications/tariffaffairs/pub309.pdf

第二章

1. Ernst Homburg, Anthony S. Travis, and Harm G. Schröter, eds., *Chemical Industry in Europe*, 18.

2. The Mineralogical Record-Label Archive, accessed January 31, 2018 http://www.minrec.org/labels.asp?colid=765.

3. The Editors of Encyclopaedia Britannica, "Ciba-Geigy AG," Encyclopaedia Britannica, February 19, 2009, accessed January 31, 2018, https://www.britannica.com/topic/Ciba-Geigy-AG.

4. Mark S. Lesney, "Three Paths to Novartis," *Modern Drug Discovery*, March 2004.

5. Ernst Homburg, Anthony S. Travis, and Harm G. Schröter, eds., *The Chemical Industry in Europe, 1850–1914: Industrial Growth, Pollution, and Professionalization* (Dordrecht, Netherlands: Springer Science+Business Media, 1998), 18.

6. Rudy M. Baum, "Chemical Troubles in Toms River: Damning Portrayal

of Past Chemical Industry Practices Is Also In-Depth Examination of a Public Health Disaster," *Book Reviews* 91, no. 18 (May 2013): 42–43.

7. Alan Milward and S. B. Saul, *The Economic Development of Continental Europe 1780–1870* (Abingdon, UK: Routledge, 2012), 229.

8. Anna Bálint, *Clariant Clareant: The Beginnings of a Specialty Chemicals Company* (Frankfurt: Campus Verlag, 2012), 28.

9. Walter Dettwiler, *Novartis: How a Leader in Healthcare Was Created Out of Ciba, Geigy and Sandoz* (London: Profile Books, 2014), chap. 1.

10. Anita Friedlin and Kristina Ceca, "From CIBA to BASF: A Brief History of Industrial Basel," *Mozaik*, accessed February 3, 2018, http://www.mozaikzeitung.ch/spip/spip.php?article282.

11. "Switzerland's Industrialization," accessed February 03, 2018, http://history-switzerland.geschichte-schweiz.ch/industrialization-switzerland.html.

12. "History of Sandoz Pharmaceuticals," Herb Museum, accessed February 3, 2018, http://www.herbmuseum.ca/content/history-sandoz-pharmaceuticals.

13. "Company History," Novartis Indonesia, accessed February 3, 2018, https://www.id.novartis.com/about-us/company-history.

14. Markus Hammerle, *The Beginnings of the Basel Chemical Industry in Light of Industrial Medicine and Environmental Protection* (Basel: Schwabe & Co., 1995), 44.

15. 同前，41.

16. Robert L. Shook, *Miracle Medicines: Seven Lifesaving Drugs and the People Who Created Them* (New York: Portfolio, 2007), chap. 7.

17. Encyclopaedia Britannica Online, s.v. "Knorr, Ludwig," http://www.britannica.com/EBchecked/topic/1353916/Ludwig-Knorr.

18. Joseph S. Fruton, *Contrasts in Scientific Style: Research Groups in the Chemical and Biochemical Sciences* (Philadelphia: American Philosophical Society, 1990), 211.

19. Kay Brune, "The Discovery and Development of Anti-Inflammatory Drugs," *Arthritis and Rheumatology* 50, no. 8 (August 2004), 2391–2399.

20. P. R. Egan, "Antipyrin as an Analgesic," *Medical Record* 34 (1888), 477–478, cited in Janice Rae McTavish, *Pain and Profits: The History of the Headache and Its Remedies in America* (New Brunswick, NJ: Rutgers University Press, 2004), 80.

21. F. Tuckerman, "Antipyrine in Cephalalgia," *Medical Record* (1888), 180, cited in McTavish, *Pain and Profits*, 80.

22. "Antipyrine a Substitute for Quinine," *New York Times*, January 1, 1886, 6, cited in McTavish, *Pain and Profits*, 74.

23. "Antipyrin," *Druggists Circular 28* (1884), 185.

24. Parvez Ali et al., "Predictions and Correlations of Structure Activity Relationship of Some Aminoantipyrine Derivatives on the Basis of Theoretical and Experimental Ground," *Medicinal Chemistry Research* 21, no. 2 (December 2010): 157.

25. Dan Fagin, *Toms River: A Story of Science and Salvation* (New York: Bantam, 2013), 11.

26. Popat N. Patil, *Discoveries in Pharmacological Sciences* (Hackensack, NJ: World Scientific, 2012), 672.

27. Dettwiler, *Novartis*, chap. 1.

28. Vladimír Kren and Ladislav Cvak, *Ergot: The Genus Claviceps* (Amsterdam, Netherlands: Harwood Academic Publishers, 1999), 373–378.

29. "First Penicillin Shot: Feb. 12, 1941," *HealthCentral*, February 11, 2013, http://www.healthcentral.com/dailydose/2013/2/11/first_penicillin_shot_feb_12_1941/.

30. Maryn Mckenna, "Imagining the Post Antibiotics Future," *Medium*, November 20, 2013, https://medium.com/@fernnews/imagining-the-post-antibiotics-future-892b57499e77.

31. "Howard Walter Florey and Ernst Boris Chain," *Chemical Heritage Foundation*, last modified September 11, 2015, http://www.chemheritage.org/discover/online-resources/chemistry-in-history/themes/pharmaceuticals/preventing-and-treating-infectious-diseases/florey-and-chain.aspx.

32. "The Discovery and Development of Penicillin," American Chemical Society, 1999, last modified November 5, 2015, https://www.acs.org/content/acs/en/education/whatischemistry/landmarks/flemingpenicillin.htm.

33. Mary Ellen Bowden, Amy Beth Crow, and Tracy Sullivan, *Pharmaceutical Achievers: The Human Face of Pharmaceutical Research* (Philadelphia: Chemical Heritage Foundation, 2005), 89.

34. Joseph G. Lombardino, "A Brief History of Pfizer Central Research," *Bulletin for the History of Chemistry* 25, no. 1 (2000): 11.

35. "Discovery and Development of Penicillin."

36. Alex Planes, "The Birth of Pharmaceuticals and the World's First Billionaire," *Motley Fool*, September 28, 2013, http://www.fool.com/investing/general/2013/09/28/the-birth-of-pharmaceuticals-and-the-worlds-first.aspx.

37. H. F. Stahelin, "The History of Cyclosporin A (Sandimmune®) Revisited: Another Point of View," *Experientia* 52, no. 2 (January 1996): 5–13.

38. Pfizer, Inc., "Pfizer History Text," MrBrklyn, http://www.mrbrklyn.com/resources/pfizer_history.txt.

39. David W. Wolfe, *Tales from the Underground: A Natural History of Subterranean Life* (New York: Basic Books, 2002), 137.

40. "Penicillin: The First Miracle Drug," accessed February 3, 2018, https://web.archive.org/web/20160321034242/http://herbarium.usu.edu/fungi/funfacts/penicillin.htm.

41. J. F. Borel, Z. L. Kis, and T. Beveridge, "The History of the Discovery and Development of Cyclosporine (Sandimmune®)," in *The Search for Anti-Inflammatory Drugs: Case Histories from Concept to Clinic*, ed. Vincent K. Merluzzi (Basel: Birkhäuser, 1995), 27–28.

42. Donald E. Thomas Jr., *The Lupus Encyclopedia: A Comprehensive Guide for Patients and Families* (Baltimore, MD: Johns Hopkins University Press, 2014), 555.

43. Advameg, "Cyclosporine, *Medical Discoveries*, http://www.discoveriesinmedicine.com/Com-En/Cyclosporine.html; Henry T. Tribe, "The Discovery and Development of Cyclosporin," *Mycologist* 12, no. 1 (February 1998): 20.

44. Camille Georges Wermuth, ed., *The Practice of Medicinal Chemistry,* 3rd ed. (Burlington, MA: Academic Press, 2008), 25; D. Colombo and E. Ammirati, "Cyclosporine in Transplantation—A History of Converging Timelines," *Journal of Biological Regulators and Homeostatic Agents* 25, no. 4 (2011): 493.

45. David Hamilton, *A History of Organ Transplantation: Ancient Legends to Modern Practice* (Pittsburgh: University of Pittsburgh Press, 2012), 382.

46. Harriet Upton, "Origin of Drugs in Current Use: The Cyclosporine Story," David Moore's World of Fungi: Where Mycology Starts, 2001, http://www.davidmoore.org.uk/Sec04_01.htm.

47. Karl Heuslera and Alfred Pletscherb, "The Controversial Early History of

Cyclosporin," *Swiss Medical Weekly* 131 (2001): 300.

48. Larry Thompson, "Jean-François Borel's Transplanted Dream," *Washington Post*, November 15, 1988, accessed February 3, 2018, https://www.washingtonpost.com/archive/lifestyle/wellness/1988/11/15/jean-francois-borels-transplanted-dream/f3a931b9-e1a1-4724-9f08-a85ec4d3e68f/?utm_term=.9de240694fd1.

49. Ketan T. Savjani, Anuradha K. Gajjar, and Jignasa K. Savjani, "Drug Solubility: Importance and Enhancement Techniques," *ISRN Pharmaceutics*, July 5, 2012, https://www.ncbi.nlm.nih.gov/pmc/articles/PMC3399483/.

50. "Borel, Jean-François (1933–)," Encyclopedia.com, 2003, http://www.encyclopedia.com/doc/1G2-3409800096.html.

51. Nadey S. Hakim, Vassilios E. Papalois, and David E. R. Sutherland, *Transplantation Surgery* (Berlin: Springer, 2013), 17.

52. "Borel, Jean-François (1933–)," Encyclopedia.com.

53. "Gairdner Foundation International Award," Wikipedia, January 24, 2018, accessed February 3, 2018, https://en.wikipedia.org/wiki/Gairdner_Foundation_International_Award.

54. Dettwiler, *Novartis*, chap. 6.

55. "Pfizer's Work on Penicillin for World War II Becomes a National Historic Chemical Landmark," American Chemical Society, accessed September 13, 2017, https://www.acs.org/content/acs/en/pressroom/newsreleases/2008/june/pfizers-work-on-penicillin-for-world-war-ii-becomes-a-national-historic-chemical-landmark.html.

56. Catharine Cooper, "Procter & Gamble: The Early Years," *Cincinnati Magazine* 20, no. 11 (August 1987), 70.

57. "The Art of American Advertising: National Markets," Baker Library Historical Collections, http://www.library.hbs.edu/hc/artadv/national-markets.html.

58. Alfred Lief, *It Floats: The Story of Procter & Gamble* (New York: Rinehart & Company, 1958), 23.

59. Barbara Casson, "It Still Floats," *Cincinnati Magazine* 8, no. 10 (July 1975): 48.

60. Lady Emmeline Stuart-Wortley, *Travels in the United States During 1849 and 1850 (1851)*, as cited in "Cincinnati," Porkopolis, http://www.porkopolis.org/quotations/cincinnati/.

61. Bill Bryson, *One Summer, America 1927* (New York: Anchor, 2014), 235.

62. Ted Genoways, *The Chain: Farm, Factory, and the Fate of Our Food* (New York: Harper Paperbacks, 2015), 26.

63. Writers' Project of the Works Progress Administration, *They Built a City: 150 Years of Industrial Cincinnati* (Cincinnati: Cincinnati Post, [1938] 2015), 112.

64. Oscar Schisgall, *Eyes on Tomorrow: The Evolution of Procter & Gamble* (n.p.: J. G. Ferguson Publishing Company, 1981), 25.

65. Casson, "It Still Floats," 50.

66. Paul du Gay, ed., *Production of Culture/Cultures of Production* (London: Sage Publications Ltd., 1998), 277.

67. Vince Staten, *Did Trojans Use Trojans?: A Trip Inside the Corner Drugstore* (New York: Simon & Schuster, 2010), 90.

68. Allan A. Kennedy "The End of Shareholder Value," *Cincinnati Magazine*, July 1975, 50.

69. Staten, *Did Trojans Use Trojans?*, 91.

70. Pink Mint Publications, *Elvis Was a Truck Driver and Other Useless Facts!* (Morrisville, NC: Lulu Enterprises, 2007), 89.

71. Kennedy, "End of Shareholder Value," 50.

72. Schisgall, *Eyes on Tomorrow*, 33.

73. Joan M. Marter, ed., *The Grove Encyclopedia of American Art*, vol. 1 (New York: Oxford University Press, 2011), 467.

74. Robert Jay, *The Trade Card in Nineteenth-Century America* (Columbia: University of Missouri Press, 1987), 25.

75. Pamela Walker Laird, *Advertising Progress: American Business and the Rise of Consumer Marketing* (Baltimore: John Hopkins University Press, 1998), 87; as cited in "The Art of American Advertising: Advertising Products," Baker Library Historical Collections, accessed February 3, 2018, http://www.library.hbs.edu/hc/artadv/advertising-products.html.

76. "High Art on Cardboard," *New York Times*, December 3, 1882, 4.

77. Davis Dyer, Frederick Dalzell, and Rowena Olegario, *Rising Tide: Lessons from 165 Years of Brand Building at Procter & Gamble* (Boston: Harvard Business School Press, 2004), 35.

78. Bob Batchelor and Danielle Sarver Coombs, eds., *We Are What We Sell: How Advertising Shapes American Life... and Always Has* (Santa Barbara, CA: Praeger, 2014), 201.

79. Graham Spence Hudson, *The Design & Printing of Ephemera in Britain & America, 1720–1920* (London: British Library, 2008), 97.

80. Procter & Gamble, "Ivory Advertisement," *Journal of the American Medical Association* 6, no. 7 (1886): xv; as cited in Batchelor and Coombs, eds., *We Are What We Sell*, 202.

81. *Saturday Evening Post*, October 25, 1919, 2, as cited in Batchelor and Coombs, eds., *We Are What We Sell*, 203.

82. 同前，35.

83. Dyer, Dalzell, and Olegario, *Rising Tide*, 31.

84. Lief, *It Floats*, 81; "Harley T. Procter (1847–1920)," Advertising Hall of Fame, accessed September 14, 2017, http://advertisinghall.org/members/member_bio.php?memid=766.

85. "Hastings Lush French," *Genealogy Bug*, accessed February 4, 2018, http://www.genealogybug.net/oh_biographies/french_h_l.shtml.

86. Schisgall, *Eyes on Tomorrow*, 34.

87. Dyer, Dalzell, and Olegario, *Rising Tide*, 39.

88. David Segal, "The Great Unwatched," *New York Times*, May 3, 2014, https://www.nytimes.com/2014/05/04/business/the-great-unwatched.html.

89. Walter D. Scott, "The Psychology of Advertising," *Atlantic Monthly* 93, no. 555 (1904): 36.

90. Christopher H. Sterling, *Encyclopedia of Journalism* (Thousand Oaks, CA: Sage, 2009), 20.

91. D. G. Brian Jones and Mark Tadajewski, *The Routledge Companion to Marketing History* (Abingdon, UK: Routledge, 2016), 71.

92. "Ad Man Albert Lasker Pumped Up Demand for California, or Sunkist, Oranges," *Washington Post*, November 14, 2010, http://www.washingtonpost.com/wp-dyn/content/article/2010/11/13/AR2010111305878.html; Robin Lewis and Michael Dart, *The New Rules of Retail: Competing in the World's Toughest Marketplace* (New York: Palgrave Macmillan, 2014), 43.

93. Jim Cox, *The Great Radio Soap Operas* (Jefferson, NC: McFarland, 2011), 115.

94. Batchelor and Coombs, eds., *We Are What We Sell*, 77–78.

95. Anthony J. Mayo and Nitin Nohria, *In Their Time: The Greatest Business Leaders of the Twentieth Century* (Boston: Harvard Business School Press,

2007), 197.

96. Alexander Coolidge, "Ivorydale: Model for More P&G Closings?" Cincinnati.com, last modified June 9, 2014, http://www.cincinnati.com/story/money/2014/06/07/ivorydale-model-pg-closings/10162025/.

97. "A Company History," Procter & Gamble, https://www.pg.com/translations/history_pdf/english_history.pdf.

98. "The Creed of Speed," *Economist*, December 2015, 23.

99. Jerker Denrell, "Vicarious Learning, Under-sampling of Failure, and the Myths of Management," *Organization Science* 14 (2003): 227–243.

100. 企業必須跳至新知識領域，才能創造出新的成長市場。此一結論符合日漸豐富的相關管理研究文獻，尤其是歐洲工商管理學院（INSEAD）金偉燦（W. Chan Kim）與芮妮・莫伯尼（Renée Maubogne）的《藍海策略》（*Blue Ocean Strategy*, 2005）與《航向藍海》（*Blue Ocean Shift*, 2017）影響與型塑數代業界與學界人士的思考，我同樣深受啟發。

第三章

1. Andrew Solomon, *Far from the Tree: Parents, Children and the Search for Identity* (New York: Scribner, 2012), 254.

2. Ashutosh Jogalekar, "Why Drugs Are Expensive: It's the Science, Stupid," *Scientific American*, January 6, 2014, https://blogs.scientificamerican.com/the-curious-wavefunction/why-drugs-are-expensive-ite28099s-the-science-stupid/.

3. Walter Dettwiler, *Novartis: How a Leader in Healthcare Was Created out of Ciba, Geigy and Sandoz* (London: Profile Books, 2014), chap. 8.

4. Günter K. Stahl and Mark E. Mendenhall, eds., *Mergers and Acquisitions: Managing Culture and Human Resources* (Redwood City, CA: Stanford University Press, 2005), 379–380.

5. Daniel Vasella, *Magic Cancer Bullet: How a Tiny Orange Pill is Rewriting Medical History* (New York: HarperCollins, 2003), 32–33.

6. Rik Kirkland, "Leading in the 21st Century: An Interview with Daniel Vasella," McKinsey & Company, September 2012, http://www.mckinsey.com/global-themes/leadership/an-interview-with-daniel-vasella.

7. Bill George, *Discover Your True North* (Hoboken, NJ: John Wiley & Sons, 2015), 58.

8. Bill George, Peter Sims, Andrew N. McLean, and Diana Mayer,

"Discovering Your Authentic Leadership," *Harvard Business Review*, February 2007, https://hbr.org/2007/02/discovering-your-authentic-leadership.

9. Ananya Mandal, "Hodgkin's Lymphoma History," News-Medical.net, last modified August 19, 2014, http://www.news-medical.net/health/Hodgkins-Lymphoma-History.aspx.

10. Vasella, *Magic Cancer Bullet*, 34–36.

11. Robert L. Shook, *Miracle Medicines: Seven Lifesaving Drugs and the People Who Created Them* (New York: Portfolio, 2007), chap. 8.

12. Siddhartha Mukherjee, *The Emperor of All Maladies: A Biography of Cancer* (New York: Scribner, 2010), 432; Shook, *Miracle Medicines*, chap. 8.

13. Neil Izenberg and Steven A. Dowshen, *Human Diseases and Disorders: Infectious Diseases* (New York: Scribner/Thomson/Gale, 2002), 30.

14. Shook, *Miracle Medicines*, chap. 8.

15. Andrew S. Grove, *Only the Paranoid Survive* (New York: Doubleday, 1999), 146.

16. Robert A. Burgelman, "Fading Memories: A Process Theory of Strategic Business Exit in Dynamic Environments," *Administrative Science Quarterly* 39, no. 1 (1994): 24, doi:10.2307/2393493.

17. Gordon M. Cragg, David G. I. Kingston, and David J. Newman, eds., *Anticancer Agents from Natural Products*, 2nd ed. (Boca Raton, FL: CRC Press, 2011), 565.

18. Mayo Clinic Staff, "Leukemia Symptoms," Mayo Clinic, January 28, 2016, http://www.mayoclinic.org/diseases-conditions/leukemia/basics/symptoms/con-20024914.

19. Shook, *Miracle Medicines*, chap 8.

20. 同前，Nicholas Wade, "Powerful Anti-Cancer Drug Emerges from Basic Biology," *New York Times*, May 7, 2001, accessed January 18, 2018, http://www.nytimes.com/2001/05/08/science/powerful-anti-cancer-drug-emerges-from-basic-biology.html.

21. 同前。

22. Wade, "Powerful Anti-Cancer Drug."

23. Mukherjee, *Emperor of All Maladies,* 436.

24. Vasella, *Magic Cancer Bullet*, 16.

25. US Department of Health and Human Services, "Remarks by HHS Secretary Tommy G. Thompson: Press Conference Announcing Approval

of Gleevec for Leukemia Treatment," HHS.Gov Archive, May 10, 2001, http://archive.hhs.gov/news/press/2001pres/20010510.html.

26. Rob Mitchum, "Cancer Drug Gleevec Wins Lasker Award," *ScienceLife*, September 14, 2009, http://sciencelife.uchospitals.edu/2009/09/14/cancer-drug-gleevec-wins-lasker-award.

27. Mukherjee, *Emperor of All Maladies*, 438–440.

28. Tariq I. Mughal, *Chronic Myeloid Leukemia: A Handbook for Hematologists and Oncologists* (Boca Raton, FL: CRC Press, 2013), 30–31.

29. Andrew Pollack, "Cancer Physicians Attack High Drug Costs," *New York Times*, April 25, 2013.

30. Joan O. Hamilton, "Biotech's First Superstar: Genentech Is Becoming a Major-Leaguer—and Wall Street Loves It," *Business Week*, April 14, 1986, 68.

31. Andrew Pollack, "Roche Agrees to Buy Genentech for $46.8 Billion," *New York Times*, March 12, 2009, accessed February 3, 2018, http://www.nytimes.com/2009/03/13/business/worldbusiness/13drugs.html?mtrref=www.google.ch&gwh=75ED1CAF2D042A3546663BBF0F5D3706&gwt=pay.

32. Gary Hamel and C. K. Prahalad, "Strategic Intent," *Harvard Business Review*, July/August 2005, https://hbr.org/2005/07/strategic-intent.

33. Andrew Pollack, "F.D.A. Gives Early Approval to Drug for Rare Leukemia, *New York Times*, December 14, 2012, http://www.nytimes.com/2012/12/15/business/fda-gives-early-approval-to-leukemia-drug-iclusig.html; Dave Levitan, "Nilotinib Effective for Imatinib-Resistant CML," Cancer Network, July 21, 2012, http://www.cancernetwork.com/chronic-myeloid-leukemia/nilotinib-effective-imatinib-resistant-cml.

34. Susan Gubar, "Living with Cancer: The New Medicine," *New York Times*, June 26, 2014, http://well.blogs.nytimes.com/2014/06/26/living-with-cancer-the-new-medicine/?_r=0.

35. Jeremy Rifkin, *Zero Marginal Cost Society: The Internet of Things, the Collaborative Commons, and the Eclipse of Capitalism* (New York: St. Martin's Press, 2014), 379.

36. "Procter & Gamble," Fortune.com, accessed February 3, 2018, http://beta.fortune.com/fortune500/procter-gamble-34.

37. Alfred Lief, "Harley Procter's Floating Soap (Aug, 1953)" *Modern Mechanix*, July 14, 2008, http://blog.modernmechanix.com/harley-

procters-floating-soap/.

38. Robert A. Duncan, "P&G Develops Synthetic Detergents: A Short History," typewritten manuscript, September 5, 1958, P&G Archives, 1.

39. 該實驗室隸屬於化工巨人法本公司（I. G. Farben）。法本日後在納粹統治期間因涉入戰爭罪而名聲不佳。

40. Duncan, "P&G Develops Synthetic Detergents," 3.

41. Davis Dyer, Frederick Dalzell, and Rowena Olegario, *Rising Tide: Lessons from 165 Years of Brand Building at Procter & Gamble* (Boston: Harvard Business School Press, 2004), 70; Duncan, "P&G Develops Synthetic Detergents," 5.

42. Oscar Schisgall, *Eyes on Tomorrow: The Evolution of Procter & Gamble* (n.p.: J. G. Ferguson Publishing Company, 1981), 42; Advertising Age Editors, *Procter & Gamble: How P & G Became America's Leading Marketer* (n.p.: Passport Books, 1990), 11.

43. American Chemical Society, "Development of Tide Laundry Detergent Receives Historical Recognition," *EurekAlert!*, October 11, 2016, http://www.eurekalert.org/pub_releases/2006-10/acs-dot101106.php.

44. "Laundry Detergent," MadeHow.com, http://www.madehow.com/Volume-1/Laundry-Detergent.html.

45. "Birth of an Icon: TIDE," *P&G*, November 2, 2012, http://news.pg.com/blog/heritage/birth-icon-tide.

46. G. Thomas Halberstadt, interview, April 7, 1984, P&G Archives, cited in National Historic Chemical Landmarks program of the American Chemical Society, "Development of Tide Synthetic Detergent: National Historic Chemical Landmark," American Chemical Society, October 25, 2006, http://www.acs.org/content/acs/en/education/whatischemistry/landmarks/tidedetergent.html.

47. 同前。

48. 同前。

49. 同前。

50. American Chemical Society, "Development of Tide Synthetic Detergent."

51. Dyer, Dalzell, and Olegario, *Rising Tide*, 73.

52. National Historic Chemical Landmarks program of the American Chemical Society, "Development of Tide Synthetic Detergent."

53. G. Thomas Halberstadt, interview, April 7, 1984, P&G Archives; Dyer, Dalzell, and Olegario, *Rising Tide*, 74; Dan Hurley, "Changing the

Tide," *Cincy Magazine*, December 2013/January 2014, http://www.cincymagazine.com/Main/Articles/Changing_the_Tide_3939.aspx.

54. 本段的場景重建自數個資料來源，包括：Halberstadt interview, April 7, 1984, P&G Archives; and Dyer, Dalzell, and Olegario, *Rising Tide*, 74–75.

55. "Discover Great Innovations in Fashion and Lifestyle," Tide.com, http://www.tide.com/en-US/article/unofficial-history-laundry.jspx.

56. Advertising Age Editors, *How Procter and Gamble*, 23.

57. Alfred Lief, *It Floats: The Story of Procter & Gamble* (New York: Rinehart & Company, 1958), 254.

58. Dyer, Dalzell, and Olegario, *Rising Tide*, 81.

59. G. Thomas Halberstadt, interview, April 7–9, 1984, P&G Archives, 34.

60. Lief, *It Floats*, 253.

61. Howard Yu and Thomas Malnight, "The Best Companies Aren't Afraid to Replace Their Most Profitable Products," *Harvard Business Review*, July 14, 2016, https://hbr.org/2016/07/the-best-companies-arent-afraid-to-replace-their-most-profitable-products.

62. 請見：莉塔・岡瑟・麥奎斯（Rita Gunther McGrath）的《瞬時競爭策略》（*The End of Competitive Advantage*）(Boston: Harvard Business School Press), 2013. 我認為麥奎斯教授針對此一主題的研究開創了基本典範，日後將可啟發大量研究。

63. Ron Adner, "From Walkman to iPod: What Music Tech Teaches Us About Innovation," *Atlantic*, March 5, 2012, https://www.theatlantic.com/business/archive/2012/03/from-walkman-to-ipod-what-music-tech-teaches-us-about-innovation/253158/.

64. 起點之一是管理者可以「重建市場疆界」。歐洲工商管理學院金偉燦與芮妮・莫伯尼的《航向藍海》第十章指出，管理者有六種方法可以挑戰產業「自我設限的疆界」。此一強大架構奠基於數十年的研究，首度見於兩人二〇〇五年的全球暢銷書《藍海策略》。

第四章

1. Alexander Osterwalder, "The Business Model Ontology: A Proposition in a Design Science Approach" (PhD thesis, HEC, 2004), http://www.hec.unil.ch/aosterwa/PhD/Osterwalder_PhD_BM_Ontology.pdf.

2. Alexander Osterwalder, interview by Howard Yu, December 3, 2015.

3. Paul Hobcraft, "Business Model Generation," *Innovation Management*,

September 23, 2010, accessed April 23, 2017, http://www. innovationmanagement.se/2010/09/23/business-model-generation/.

4. Alex Osterwalder, accessed April 23, 2017, http://alexosterwalder.com/.

5. "The 10 Most Influential Business Thinkers in the World," *Thinkers 50*, November 11, 2015, accessed June 30, 2017, http://thinkers50.com/ media/media-coverage/the-10-most-influential-business-thinkers-in-the-world/; "Alexander Osterwalder and Yves Pigneur," *Thinkers 50*, February 1, 2017, accessed June 30, 2017, http://thinkers50.com/biographies/ alexander-osterwalder-yves-pigneur.

6. Alex Osterwalder, "How to Self-Publish a Book," Agocluytens, accessed April 23, 2017, http://agocluytens.com/how-to-self-publish-a-book-alexander-osterwalder/. 本個案研究的早期版本請見背景說明："Who is Alex Osterwalder?"at IMD based on a private interview with Alexander Osterwalder and public sources. Yu, Howard H., "How a Best-Selling Author Crowdsourced and Broke Every Rule in the Book," IMD, October 28, 2016, accessed March 13, 2018, https://www1.imd.org/publications/ articles/how-a-best-selling-author-crowdsourced-and-brokeevery-rule-in-the-book/.

7. "50 Years of Moore's Law," *Intel*, accessed April 23, 2017, http:// www.intel.com/content/www/us/en/silicon-innovations/moores-law-technology.html.

8. Barry Ritholtz, "When Do Scientists Believe Computers Will Surpass the Human Brain?" *The Big Picture*, August 3, 2015, accessed June 30, 2017, http://ritholtz.com/2015/08/when-do-scientists-believe-computers-will-surpass-the-human-brain/.

9. "Your Smartphone Is Millions of Times More Powerful Than All of NASA's Combined Computing in 1969," *ZME Science*, May 17, 2017, accessed June 30, 2017, http://www.zmescience.com/research/technology/ smartphone-power-compared-to-apollo-432/.

10. Daniel J. Levitin, *The Organized Mind: Thinking Straight in the Age of Information Overload* (New York: Dutton, 2016), 381.

11. Berin Szoka, Matthew Starr, and Jon Henke, "Don't Blame Big Cable. It's Local Governments That Choke Broadband Competition," *Wired*, July 16, 2013, accessed September 25, 2017, https://www.wired. com/2013/07/we-need-to-stop-focusing-on-just-cable-companies-and-blame-local-government-for-dismal-broadband-competition/.

12. Steven Cherry, "Edholm's Law of Bandwidth," *IEEE Spectrum*, July 1, 2004, http://spectrum.ieee.org/telecom/wireless/edholms-law-of-bandwidth.

13. Andrew McAfee and Erik Brynjolfsson, *Machine Platform Crowd: Harnessing Our Digital Future* (New York: W. W. Norton & Company, 2017), 98.

14. Ingrid Lunden, "If WhatsApp Is Worth $19B, Then WeChat's Worth 'at Least $60B' Says CLSA," *TC*, March 11, 2014, http://techcrunch.com/2014/03/11/if-whatsapp-is-worth-19b-then-wechats-worth-at-least-60b-says-clsa.

15. 騰訊收盤價達史上新高，以港幣二四八‧四元（近三十二美元）做　收。"China's Tencent Is Now Worth $300 Billion," CNNMoney, accessed June 30, 2017, http://money.cnn.com/2017/05/03/investing/china-tencent-300-billion-company/index.html.

16. Tim Higgins and Anna Steele, "Tesla Gets Backing of Chinese Internet Giant Tencent," *Wall Street Journal*, last modified March 29, 2017, https://www.wsj.com/articles/chinas-tencent-buys-5-stake-in-tesla-1490702095.

17. Jordan Novet, "China's WeChat Captures Almost 30 Percent of the Country's Mobile App Usage: Meeker Report," CNBC, May 31, 2017, accessed July 2, 2017, http://www.cnbc.com/2017/05/31/wechat-captures-about-30-percent-of-chinas-mobile-app-usage-meeker-report.html.

18. "Number of Monthly Active WhatsApp Users Worldwide from April 2013 to January 2017," *Statista*, accessed April 23, 2017, https://www.statista.com/statistics/260819/number-of-monthly-active-whatsapp-users/.

19. Josh Constine, "Facebook Now Has 2 Billion Monthly Users... and Responsibility," *TechCrunch*, June 27, 2017, accessed June 30, 2017, https://techcrunch.com/2017/06/27/facebook-2-billion-users/.

20. "2017 WeChat User Report Is Out!—China Channel," *WeChat Based Solutions & Services*, accessed June 30, 2017, http://chinachannel.co/1017-wechat-report-users/.

21. David Cohen, "How Much Time Will the Average Person Spend on Social Media During Their Life? (Infographic)," *Adweek*, accessed June 30, 2017, http://www.adweek.com/digital/mediakix-time-spent-social-media-

infographic/; Brad Stone and Lulu Yilun Chen, "Tencent Dominates in China. The Next Challenge Is the Rest of the World," Bloomberg.com, June 28, 2017, accessed July 2, 2017, https://www.bloomberg.com/news/features/2017-06-28/tencent-rules-china-the-problem-is-the-rest-of-the-world. 微信：本個案研究的早期版本請見：Shih, Willy, Howard Yu, and Feng Liu, "WeChat: A Global Platform?" Harvard Business School Case 615–049, June 2015 (Rev. August 2017).

22. Beth Carter, "High Tech, Low Life Peeks Through China's Great Firewall," *Wired*, April 27, 2012, https://www.wired.com/2012/04/high-tech-low-life/.

23. He Huifeng, "WeChat Red Envelopes Help Drive Online Payments Use in China," *South China Morning Post*, February 15, 2016, http://www.scmp.com/tech/article/1913340/wechat-red-envelopes-help-drive-online-payments-use-china.

24. Juro Osawa, "China Mobile-Payment Battle Becomes a Free-for-All," *Wall Street Journal*, last modified May 22, 2016, http://www.wsj.com/articles/china-mobile-payment-battle-becomes-a-free-for-all-1463945404; Paul Smith, "The Top Four Mistakes That Make Business Leaders Awful Storytellers," *Fast Company*, November 5, 2016, https://www.fastcompany.com/3065209/work-smart/the-top-four-mistakes-that-make-business-leaders-awful-storytellers.

25. Paul Mozur, "In Urban China, Cash Is Rapidly Becoming Obsolete," *New York Times*, July 16, 2017, accessed September 26, 2017, https://www.nytimes.com/2017/07/16/business/china-cash-smartphone-payments.html?mcubz=0.

26. James H. David, "Social Interaction and Performance," in *Group Performance* (Reading, PA: Addison-Wesley, 1969).

27. Tony Perry and Julian Barnes, "U.S. Rethinks a Marine Corps Specialty: Storming Beaches," *LA Times*, June 21, 2010, http://articles.latimes.com/2010/jun/21/nation/la-na-marines-future-20100621.

28. Christopher Drew, "Pentagon Is Poised to Cancel Marine Landing Craft," *New York Times*, January 5, 2011, http://www.nytimes.com/2011/01/06/business/06marine.html?_r=0.

29. Edward Bowman and Bruce M. Kogut, eds., *Redesigning the Firm* (Oxford: Oxford University Press, 1995), 246.

30. L. J. Colfer and C. Y. Baldwin, "The Mirroring Hypothesis: Theory,

Evidence and Exceptions" (Harvard Business School, Tech. Rep. Finance Working Paper No. 16-124, May 2016).

31. Spencer Ackerman, "Build a Swimming Tank for DARPA and Make a Million Dollars," *Wired*, October 2, 2010, http://www.wired.com/2012/10/fang/.

32. DARPAtv, "FANG Challenge: Design a Next-Generation Military Ground Vehicle," YouTube video, 3:26, September 27, 2012, https://www.youtube.com/watch?v=TMa1657gYIE.

33. Christopher Drew, "Pentagon Is Poised to Cancel Marine Landing Craft," *New York Times*, January 5, 2011, http://www.nytimes.com/2011/01/06/business/06marine.html?_r=0; Ackerman, "Build a Swimming Tank for DARPA."

34. Michael Belfiore, "You Will Design DARPA's Next Amphibious Vehicle," *Popular Mechanics*, October 3, 2012, http://www.popularmechanics.com/military/research/a8151/you-will-design-darpas-next-amphibious-vehicle-13336284/.

35. Kyle Maxey, "DARPA FANG Challenge—$1M to the Winners," Engineering.com, April 22, 2013, http://www.engineering.com/DesignerEdge/DesignerEdgeArticles/ArticleID/5624/DARPA-FANG-Challenge—1M-to-the-winners.aspx.

36. "Test and Evaluation of AVM Tools for DARPA FANG Challenge," *NASA JPL*, accessed April 23, 2017, https://www-robotics.jpl.nasa.gov/tasks/showTask.cfm?TaskID=255&tdaID=700059.

37. Lane Boyd, "DARPA Pushes for an Engineering Internet," *Computer Graphics World* 21, no. 9 (1998).

38. "DARPA Challenges Combat Vehicle Designers: Do It Quicker," *Aviation Week*, November 5, 2012, http://aviationweek.com/awin/darpa-challenges-combat-vehicle-designers-do-it-quicker.

39. Allison Barrie, "Could You Design the Next Marine Amphibious Assault Vehicle?" *Fox News*, April 25, 2013, http://www.foxnews.com/tech/2013/04/25/could-design-next-marine-amphibious-assault-vehicle/.

40. Beth Stackpole, "Dispersed Team Nabs $1 Million Prize in DARPA FANG Challenge," *DE*, May 3, 2013, http://www.deskeng.com/virtual_desktop/?p=7101.

41. Sean Gallagher, "Tankcraft: Building a DARPA Tank Online for Fun and Profit," *Ars Technica*, April 24, 2013, http://arstechnica.com/information-

technology/2013/04/tankcraft-building-a-darpa-tank-online-for-fun-and-profit/.

42. Graeme McMillan, "The Family That Stays Together, Designs Award-Winning Military Vehicles Together," *Digital Trends*, April 25, 2013, http://www.digitaltrends.com/cool-tech/the-family-that-stays-together-designs-award-winning-tanks-together/.

43. 同前。

44. Stephen Lacey, "How Crowdsourcing Could Save the Department of Energy," *GTM*, February 27, 2013, accessed September 29, 2017, https://www.greentechmedia.com/articles/read/how-crowdsourcing-could-save-the-department-of-energy#gs.FQgDUb8; Robert M. Bauer, and Thomas Gegenhuber, "Crowdsourcing: Global Search and the Twisted Roles of Consumers and Producers," *Organization* 22, no. 5 (2015): 661–681, doi:10.1177/1350508415585030.

45. McMillan, "Family That Stays Together."

46. "DARPA Challenges Combat Vehicle Designers."

47. Oliver Weck, *Fast Adaptable Next-Generation Ground Vehicle Challenge, Phase 1 (FANG—1) Post-Challenge Analysis*, September 21, 2013, http://web.mit.edu/deweck/Public/AVM/FANG-1percent20Post-Analysispercent 20Technical percent20Report percent20(de percent20Weck).pdf.

48. Anita McGahan, "Unlocking the Big Promise of Big Data," *Rotman Management Magazine*, Fall 2013.

49. Sandi Doughton, "After 10 Years, Few Payoffs from Gates' 'Grand Challenges,'" *Seattle Times*, December 22, 2014, accessed September 27, 2017, http://www.seattletimes.com/seattle-news/after-10-years-few-payoffs-from-gatesrsquo-lsquogrand-challengesrsquo/.

50. Maxey, "DARPA FANG Challenge."

51. David Szondy, "DARPA Announces Winner in FANG Challenge," *New Atlas*, April 24, 2013, http://newatlas.com/darpa-fang-winner/27213/.

52. 我要感謝紐約大學史登商學院（New York University Stern School of Business）的伊拉・利夫舒茲—阿薩夫（Hila Lifshitz-Assaf）教授。她第一個向我解釋「去脈絡化」（decontextualization）對於開放性合作能成功的重要性。利夫舒茲—阿薩夫教授的精彩研究請見：Karim Lakhani, Hila Lifshitz-Assaf, and Michael Tushman, "Open Innovation and Organizational Boundaries: Task Decomposition,

Knowledge Distribution, and the Locus of Innovation," in *Handbook of Economic Organization: Integrating Economic and Organizational Theory*, ed. Anna Grandori (Northampton, MA: Elgar, 2014), 355–382.

53. L. Argote, B. McEvily, and R. Reagans, "Managing Knowledge in Organizations: An Integrative Framework and Review of Emerging Themes," *Management Science* 49, no. 4 (2003): 571–582.

54. "Gennady Korotkevich Wins Google Code Jam Fourth Time in a Row," Новости Университета ИТМО, accessed January 31, 2018, http://news.ifmo.ru/en/university_live/achievements/news/6871/.

55. Joseph Byrum, "How Agribusinesses Can Ensure Success with Open Innovation," AgFunder News, November 14, 2016, https://agfundernews.com/tips-agribusinesses-succeed-open-innovation.html.

56. 同前。

57. Discussion with multiple Syngenta managers on March 1, 2016, at a strategy workshop in Lausanne, Switzerland.

58. Lizzie Widdicombe, "The Programmer's Price," *New Yorker*, November 24, 2014, http://www.newyorker.com/magazine/2014/11/24/programmers-price; Frederick Brooks, *The Mythical Man-Month: Essays on Software Engineering* (Boston: Addison-Wesley, 1995), chap. 3.

59. 此一主張的早期版本發表於論文的補充閱讀："Why Do People Do Great Things Without Getting Paid?" IMD Case IMD-7-1537, 2013. 此一主題的精彩資料來源請見：*The Power of Habit: Why We Do What We Do in Life and Business* (New York: Random House, 2012) by Charles Duhigg, Ch. 5.

60. 請見：Charles Duhigg, *The Power of Habit*. 詳情請見該書。作者杜希格（Duhigg）以簡潔的方式，解釋了紐約州立大學奧爾巴尼分校穆拉文教授一系列引人入勝的實驗。

61. 「社交炫耀權」（social bragging rights）的概念，詳情請見：Jonah Berger, *Contagious: Why Things Catch On* (New York: Simon & Schuster, 2013), chap. 1.

62. 穆拉文等人此一系列的人類意志力研究回顧，請見：Andrew C. Watson, *Learning Begins—The Science of Working Memory and Attention/or the Class* (Rowman & Littlefield, 2017), 123–128

63. Yue Wang, "How Chinese Super App WeChat Plans to Lock Out Foreign App Stores in China," *Forbes*, January 9, 2017, https://www.forbes.com/sites/ywang/2017/01/09/chinese-super-app-wechat-launches-new-plan-

to-rival-app-stores-in-china/#156830965748; Yi Shu Ng, "WeChat Beats Google to Release Apps That Don't Need to be Downloaded or Installed," *Mashable*, January 10, 2017, http://mashable.com/2017/01/10/wechat-mini-programs/#fKWl6IRhosqE; Jon Russell, "China's Tencent Takes on the App Store with Launch of 'Mini Programs' for WeChat," *TC*, January 9, 2017, https://techcrunch.com/2017/01/09/wechat-mini-programs/.

64. Sarah Perez, "Nearly 1 in 4 People Abandon Mobile Apps After Only One Use," *TC*, May 31, 2016, https://techcrunch.com/2016/05/31/nearly-1-in-4-people-abandon-mobile-apps-after-only-one-use/.

65. Wang, "How Chinese Super App WeChat Plans."

66. Sijia Jiang, "With New Mini-Apps, WeChat Seeks Even More China Clicks," *Reuters*, May 28, 2017, http://www.reuters.com/article/us-tencent-wechat-china-idUSKCN18E38Z.

第五章

1. "What AlphaGo Means to the Future of Management," *MIT Sloan Management Review*, accessed May 28, 2017, http://sloanreview.mit.edu/article/tech-savvy-what-alphago-means-to-the-future-of-management/.

2. Alan Levinovitz, "The Mystery of Go, the Ancient Game That Computers Still Can't Win," *Wired*, May 12, 2014, https://www.wired.com/2014/05/the-world-of-computer-go/.

3. Cho Mu-Hyun, "AlphaGo Match 'a Win for Humanity': Eric Schmidt," *ZDNet*, March 8, 2016, http://www.zdnet.com/article/alphago-match-a-win-for-humanity-eric-schmidt/.

4. Brad Stone, *The Everything Store: Jeff Bezos and the Age of Amazon* (New York: Back Bay Books, 2014), 134.

5. Seth Fiegerman, "Man vs. Algorithm: When Media Companies Need a Human Touch," *Mashable*, October 30, 2013, accessed September 30, 2017, http://mashable.com/2013/10/30/new-media-technology/#H4yVxcTntkq7.

6. "The Valentines!" *Stranger*, February 7, 2002, accessed September 30, 2017, http://www.thestranger.com/seattle/the-valentines/Content?oid=9976.

7. Molly Driscoll, " 'The Everything Store': 5 Behind-the-Scenes Stories About Amazon," *Christian Science Monitor*, November 4, 2013, http://www.csmonitor.com/Books/2013/1104/The-Everything-Store-5-behind-

the-scenes-stories-about-Amazon/Less-space-for-creativity.

8. "History of the World Jeopardy Review Game Answer Key," accessed May 28, 2017, https://www.superteachertools.us/jeopardyx/answerkey.php ?game=1408637225.

9. 本個案研究的早期版本，請見："IBM Watson (A): Will a Computer Replace Your Oncologist One Day?" IMD Case IMD-3-2402, 2013. Stephen Baker, *Final Jeopardy: The Story of Watson, the Computer That Will Transform Our World* (Boston: Mariner Books, 2012), 3.

10. Paul Cerrato, "IBM Watson Finally Graduates Medical School," *InformationWeek*, accessed May 28, 2017, http://www.informationweek. com/healthcare/clinical-information-systems/ibm-watson-finally-graduates-medical-school/d/d-id/1106982.

11. "Memorial Sloan-Kettering Cancer Center, IBM to Collaborate in Applying Watson Technology to Help Oncologists," IBM News Room, March 22, /press/us/en/pressrelease/37235.wss; "The Science Behind Watson," IBM Watson, accessed May 28, 2017, https://web.archive.org/web/20130524075245/http://www-03.ibm.com/innovation/us/watson/the_jeopardy_challenge.shtml.

12. IBM, "Perspectives on Watson: Healthcare," YouTube video, 2:16, February 8, 2011, https://www.youtube.com/watch?v=vwDdyxj6S0U.

13. Ken Jennings, "Watson Jeopardy! Computer: Ken Jennings Describes What It's Like to Play Against a Machine," *Slate Magazine*, February 16, 2011, http://www.slate.com/articles/arts/culturebox/2011/02/my_puny_human_brain.2.html.

14. Brian Christian, "Mind vs. Machine," *Atlantic*, February 19, 2014, https://www.theatlantic.com/magazine/archive/2011/03/mind-vs-machine/308386/.

15. Natasha Geiling, "The Women Who Mapped the Universe and Still Couldn't Get Any Respect," *Smithsonian*, September 18, 2013, http://www.smithsonianmag.com/history/the-women-who-mapped-the-universe-and-still-couldnt-get-any-respect-9287444/.

16. A. M. Turing, "Computing Machinery and Intelligence," *Mind* (1950): 433–460, doi:10.1093/mind/LIX.236.433.

17. IBM, "IBM Healthcare," YouTube video, February 21, 2013, https://www.youtube.com/watch?v=D07VJz0uGM4.

18. Baker, *Final Jeopardy*.

19. IBM, "IBM Watson: Watson After Jeopardy!" YouTube video, 4:36, February 11, 2011, accessed October 2, 2017, http://www.youtube.com/watch ?v=dQmuETLeQcg&rel=0.

20. Deepak and Sanjiv Chopra, *Brotherhood: Dharma, Destiny, and the American Dream* (New York: New Harvest, 2013), 187.

21. Malcolm Gladwell, *Blink: The Power of Thinking Without Thinking* (Boston: Little, Brown, 2007), 9.

22. 心理學家蓋瑞‧克萊恩（Gary Klein）率先提出這個故事，日後經大量作者引用，廣為流傳。進一步的資訊請見：http://www.fastcompany.com/40456/whats-your-intuition; Daniel Kahneman, *Thinking, Fast and Slow* (New York: Farrar, Straus and Giroux, 2011); Gladwell, *Blink: The Power of Thinking Without Thinking.*

23. "Simon Property Group Fights to Reinvent the Shopping Mall," *Fortune*, accessed October 1, 2017, http://fortune.com/simon-mall-landlord-real-estate/.

24. "Simon Property Group Inc.," AnnualReports.com, accessed October 1, 2017, http://www.annualreports.com/Company/simon-property-group-inc.

25. "China's Dalian Wanda 2015 Revenue up 19 Pct as Diversification Takes Hold," Reuters, January 10, 2016, accessed October 1, 2017, http://www.reuters.com/article/wanda-group-results/chinas-dalian-wanda-2015-revenue-up-19-pct-as-diversification-takes-hold-idUSL3N14V1DU20160111.

26. "Dalian Wanda to Open Nearly 900 Malls by 2025, Focus on Lower-Tier Cities," Reuters, April 20, 2015, accessed October 1, 2017, http://www.reuters.com/article/dalian-wanda/dalian-wanda-to-open-nearly-900-malls-by-2025-focus-on-lower-tier-cities-idUSL4N0XH2MM20150420.

27. Zhu Lingqing, "Top 12 Chinese Firms Debuted in 2016 Fortune Global 500," ChinaDaily.com, accessed October 2, 2017, http://wap.chinadaily.com.cn/2016-07/22/content_26203491.htm.

28. 王健林的大連萬達是中國最大的集團。Sherisse Pham, "China's Wang Jianlin Battles Talk of Trouble at Dalian Wanda," CNNMoney, accessed October 2, 2017, http://money.cnn.com/2017/07/20/investing/wanda-wang-jianlin-battles-rumors/index.html.

29. Barbara Goldberg, "Trump's Net Worth Dwindled to $3.5 Billion, Forbes Says," Reuters, March 20, 2017, accessed October 2, 2017, https://www.

reuters.com/article/us-usa-trump-forbes-idUSKBN16R250.

30. Daniel J. Levitin, *The Organized Mind: Thinking Straight in the Age of Information Overload* (New York: Dutton, 2016), chap. 6.

31. Nicholas Bakalar, "No Extra Benefits Are Seen in Stents for Coronary Artery Disease," *New York Times*, February 27, 2012, accessed November 18, 2017, http://www.nytimes.com/2012/02/28/health/stents-show-no-extra-benefits-for-coronary-artery-disease.html.

32. Brian Christian, "The A/B Test: Inside the Technology That's Changing the Rules of Business," *Wired*, April 25, 2012, accessed October 15, 2017, https://www.wired.com/2012/04/ff_abtesting/.

33. Jerry Avorn, "Healing the Overwhelmed Physician," *New York Times*, June 11, 2013, http://www.nytimes.com/2013/06/12/opinion/healing-the-overwhelmed-physician.html.

34. "Watson Is Helping Doctors Fight Cancer," IBM Watson, accessed May 28, 2017, http://m.ibm.com/http/www-03.ibm.com/innovation/us/watson/watson_in_healthcare.shtml.

35. "Big Data Technology for Evidence-Based Cancer Treatment," *Experfy Insights*, August 28, 2015, accessed July 3, 2017, https://www.experfy.com/blog/big-data-technology-evidence-based-cancer-treatment.

36. David Kerr, "Learning Machines: Watson Could Bring Cancer Expertise to the Masses," *Huffington Post*, March 29, 2012, http://www.huffingtonpost.com/david-kerr/learning-machines-watson-_b_1388429.html.

37. Cerrato, "IBM Watson Finally Graduates Medical School."

38. "Memorial Sloan Kettering Cancer Center, IBM to Collaborate in Applying," Memorial Sloan Kettering, March 22, 2012, https://www.mskcc.org/press-releases/mskcc-ibm-collaborate-applying-watson-technology-help-oncologists.

39. Memorial Sloan Kettering, "Memorial Sloan-Kettering's Expertise Combined with the Power of IBM Watson Is Poised to Help Doctors," YouTube video, 2:45, January 8, 2014, https://www.youtube.com/watch?v=nNHni1Jm4p4.

40. Cerrato, "IBM Watson Finally Graduates Medical School."

41. Jon Gertner, "IBM's Watson Is Learning Its Way to Saving Lives," *Fast Company*, October 16, 2012, http://www.fastcompany.com/3001739/ibms-watson-learning-its-way-saving-lives.

42. Sy Mukherjee, "Digital Health Care Revolution," Fortune.com, April 20, 2017, http://fortune.com/2017/04/20/digital-health-revolution/.

43. Ian Steadman, "IBM's Watson Is Better at Diagnosing Cancer Than Human Doctors," *Wired UK*, May 23, 2016, http://www.wired.co.uk/article/ibm-watson-medical-doctor.

44. Jacob M. Schlesinger, "New Recruit IPO, New Era for Japan?" *Wall Street Journal*, September 11, 2014, https://blogs.wsj.com/japanrealtime/2014/09/12/new-recruit-ipo-new-era-for-japan/.

45. Susan Carpenter, *Japan's Nuclear Crisis: The Routes to Responsibility* (Basingstoke, UK: Palgrave Macmillan, 2014), 130.

46. Recruit 的 AI 實驗室：本個案的早期研究，請見："Recruit Japan: Harnessing Data to Create Value," IMD Case IMD-7-1815, 2016. Iwao Hoshii, *Japan's Pseudo-democracy* (Sandgate, UK: Japan Library, 1993), 175.

47. 此一網絡效應有時稱為「梅特卡夫定律」（Metcalfe's law），源自全錄帕羅奧多研究中心（Xerox's PARC）的研究人員鮑伯・梅特卡夫（Bob Metcalfe）。他提出網絡的價值與使用者數量的平方成正比。

48. Richard Teitelbaum, "Snapchat Parent's IPO Filing Omits Monthly Data," *Wall Street Journal*, February 8, 2017, https://www.wsj.com/articles/snapchat-parents-ipo-filing-omits-monthly-data-1486580926.

49. Nicholas Jackson and Alexis C. Madrigal, "The Rise and Fall of MySpace," *Atlantic*, January 12, 2011, https://www.theatlantic.com/te/archive/2011/01/the-rise-and-fall-of-myspace/69444/.

50. Stuart Dredge, "MySpace—What Went Wrong: 'The Site Was a Massive Spaghetti-BallMess,'"*Guardian*, March 6, 2015, https://www.theguardian.com/technology/2015/mar/06/myspace-what-went-wrong-sean-percival-spotify.

51. Amy Lee, "Myspace Collapse: How the Social Network Fell Apart," *Huffington Post*, June 30, 2011, http://www.huffingtonpost.com/2011/06/30/how-myspace-fell-apart_n_887853.html.

52. Christopher Mims, "Did Whites Flee the 'Digital Ghetto' of MySpace?" *MIT Technology Review*, October 22, 2012, https://www.technologyreview.com/s/419843/did-whites-flee-the-digital-ghetto-of-myspace/.

53. "GE's Jeff Immelt on Digitizing in the Industrial Space," McKinsey & Company, accessed May 28, 2017, http://www.mckinsey.com/business-

functions/organization/our-insights/ges-jeff-immelt-on-digitizing-in-the-industrial-space.

54. KurzweilAI, "Watson Provides Cancer Treatment Options to Doctors in Seconds," accessed May 28, 2017, http://www.kurzweilai.net/watson-provides-cancer-treatment-options-to-doctors-in-seconds.

55. Bruce Upbin, "IBM's Watson Gets Its First Piece of Business in Healthcare," *Forbes*, February 15, 2013, https://www.forbes.com/sites/bruceupbin/2013/02/08/ibms-watson-gets-its-first-piece-of-business-in-healthcare/.

56. "IBM Watson Hard at Work: New Breakthroughs Transform Quality Care for Patients," Memorial Sloan Kettering, February 8, 2013, https://www.mskcc.org/press-releases/ibm-watson-hard-work-new-breakthroughs-transform-quality-care-patients.

57. Kerr, "Learning Machines."

58. David H. Freedman, "What Will It Take for IBM's Watson Technology to Stop Being a Dud in Health Care?" *MIT Technology Review*, June 27, 2017, accessed June 29, 2017, https://www.technologyreview.com/s/607965/a-reality-check-for-ibms-ai-ambitions/.

59. Christof Koch, "How the Computer Beat the Go Master," *Scientific American*, March 18, 2016, http://www.scientificamerican.com/article/how-the-computer-beat-the-go-master/.

60. Cade Metz, "In Two Moves, AlphaGo and Lee Sedol Redefined the Future," *Wired*, March 16, 2016, https://www.wired.com/2016/03/two-moves-alphago-lee-sedol-redefined-future/.

61. 以每千美元硬體每秒執行的計算來看，電腦效能自一九六〇年起，自每秒可計算萬分之一次（每三小時一次），上升至每秒一百億次計算。請見：Edward O. Wilson, *Half-Earth: Our Planet's Fight for Life* (New York: Liveright Publishing Corporation, 2017), 199.

62. Sam Byford, "Why Google's Go Win Is Such a Big Deal," *Verge*, March 9, 2016, http://www.theverge.com/2016/3/9/11185030/google-deepmind-alphago-go-artificial-intelligence-impact.

63. Metz, "In Two Moves."

64. Pui-wing Tam, "Daily Report: AlphaGo Shows How Far Artificial Intelligence Has Come," *New York Times*, May 23, 2017, https://www.nytimes.com/2017/05/23/technology/alphago-shows-how-far-artificial-intelligence-has-come.html; Cade Metz, "AlphaGo's Designers Explore

New AI After Winning Big in China," *Wired*, May 27, 2017, https://www.wired.com/2017/05/win-china-alphagos-designers-explore-new-ai/.

65. David Runciman, "Diary: AI," *London Review of Books*, January 25, 2018, accessed February 9, 2018, https://www.lrb.co.uk/v40/n02/david-runciman/diary.

66. Paul Mozur, "Google's AlphaGo Defeats Chinese Go Master in Win for A.I.," *New York Times*, May 23, 2017, https://www.nytimes.com/2017/05/23/business/google-deepmind-alphago-go-champion-defeat.html.

67. "AI May Be 'More Dangerous Than Nukes,' Musk Warns," CNBC, August 4, 2014, http://www.cnbc.com/2014/08/04/ai-potentially-more-dangerous-than-nukes-musk-warns.html.

68. Greg Kumparak, "Elon Musk Compares Building Artificial Intelligence to 'Summoning the Demon,'" *TechCrunch*, October 26, 2014, https://techcrunch.com/2014/10/26/elon-musk-compares-building-artificial-intelligence-to-summoning-the-demon/.

69. Stacey Higginbotham, "Elon Musk, Reid Hoffman and Amazon Donate $1 Billion for AI Research," Fortune.com, December 12, 2015, http://fortune.com/2015/12/11/open-ai/.

70. "Steve Wozniak: The Future of AI Is 'Scary and Very Bad for People,'" *Yahoo! Tech*, March 23, 2015, https://www.yahoo.com/tech/steve-wozniak-future-ai-scary-154700881.html.

71. Rory Cellan-Jones, "Stephen Hawking Warns Artificial Intelligence Could End Mankind," *BBC News*, December 2, 2014, http://www.bbc.com/news/technology-30290540.

72. Andrew Nusca, "This Man Is Leading an AI Revolution in Silicon Valley—and He's Just Getting Started," November 16, 2017, accessed November 26, 2017, http://fortune.com/2017/11/16/nvidia-ceo-jensen-huang/.

73. "Predix—The Premier Industrial Internet Platform," *GE Digital*, May 15, 2017, https://www.ge.com/digital/predix?utm_expid=109794401-13.6V0rEbO8RzmRu71-IsKIUQ.0.

74. "Internet of Everything," Cisco, accessed May 28, 2017, http://ioeassessment.cisco.com/.

75. 雲端計算對 Airbnb 成功的重要性，精彩分析請見：Leigh Gallagher, *The Airbnb Story* (London: Virgin Books, 2017), 45.

76. Joseph Treaster, "Buffett Holds Court at Berkshire Weekend," *New York Times*, April 30, 2000, http://www.nytimes.com/2000/05/01/business/buffett-holds-court-at-berkshire-weekend.html.

77. Daniel Howley, "Warren Buffett: AI Is Good for Society but 'Enormously Disruptive,'" *Yahoo! Finance*, May 6, 2017, https://finance.yahoo.com/news/warren-buffett-ai-good-society-enormously-disruptive-203957098.html.

第六章

1. Theodore Levitt, "Marketing Myopia," *Harvard Business Review*, March 20, 2017, https://hbr.org/2004/07/marketing-myopia.

2. "An Interview with Steve Jobs," *Nova*, October 10, 2011, http://video.pbs.org/video/2151510911/.

3. Steve Lohr, *Data-Ism: The Revolution Transforming Decision Making, Consumer Behavior, and Almost Everything Else* (New York: Harper Business, 2015), 65.

4. 本個案研究的早期版本，請見："Finding Community Solutions from Common Ground: A New Business Model to End Homelessness," IMD Case IMD-3-2289, 2012. Pam Fessler, "Ending Homelessness: A Model That Just Might Work," *NPR*, March 7, 2011, http://www.npr.org/2011/03/07/134002013/ending-homelessness-a-model-that-just-might-work.

5. Alastair Gordon, "Higher Ground," *WSJ Magazine RSS*, accessed June 6, 2017, https://web.archive.org/web/20120608011853/http://magazine.wsj.com/hunter/donate/higher-ground/.

6. Dennis Hevesi, "On the New Bowery, Down and Out Mix with Up and Coming," *New York Times*, April 13, 2002, http://www.nytimes.com/2002/04/14/realestate/on-the-new-bowery-down-and-out-mix-with-up-and-coming.html?pagewanted=3.

7. Gordon, "Higher Ground."

8. Brad Edmondson, *Ice Cream Social: The Struggle for the Soul of Ben & Jerry's* (San Francisco: Berrett-Koehler, 2014), 76–77, 136.

9. Malcolm Gladwell, "Million-Dollar Murray," *New Yorker*, June 7, 2017, http://www.newyorker.com/magazine/2006/02/13/million-dollar-murray.

10. "Linking Housing and Health Care Works for Chronically Homeless Persons," *HUD USER*, accessed June 15, 2017, https://www.huduser.gov/

portal/periodicals/em/summer12/highlight3.html.

11. TEDx Talks, "How to Solve a Social Problem: Rosanne Haggerty at TEDxAmherstCollege," YouTube video, 18:31, December 19, 2013, https://www.youtube.com/watch?v=DVylRwmYmJE.

12. Fessler, "Ending Homelessness."

13. Becky Kanis, "Facing into the Truth," National Archives and Records Administration, accessed June 9, 2017, https://obamawhitehouse.archives. gov/blog/2013/03/21/facing-truth.

14. Carl Benedikt Frey and Michael A. Osborne, "The Future of Employment: How Susceptible Are Jobs to Computerisation?" *Technological Forecasting and Social Change* 114 (2017): 254–280, doi:10.1016/j.techfore.2016.08.019.

15. Edward O. Wilson, *Half-Earth: Our Planet's Fight for Life* (New York: Liveright Publishing Corporation, 2017), 199–200.

16. Gordon, "Higher Ground."

17. Brenda Ann Kenneally, "Why It's So Hard to Stop Being Homeless in New York," *Daily Intelligencer*, accessed October 8, 2017, http://nymag. com/daily/intelligencer/2017/03/nyc-homelessness-crisis.html.

18. "Turning the Tide on Homelessness in New York City," City of New York, accessed October 8, 2017, http://www1.nyc.gov/assets/dhs/downloads/ pdf/turning-the-tide-on-homelessness.pdf.

19. Alana Semuels, "How to End Homelessness in New York City," *Atlantic*, January 4, 2016, accessed October 8, 2017, https://www.theatlantic.com/ business/archive/2016/01/homelessness-new-york-city/422289/.

20. Ellen Lupton, *Beautiful Users: Designing for People* (New York: Princeton Architectural Press, 2014), 21.

21. Tom Kelley and David Kelley, "Kids Were Terrified of Getting MRIs. Then One Man Figured Out a Better Way," *Slate Magazine*, October 18, 2013, http://www.slate.com/blogs/the_eye/2013/10/18/creative_ confidence_a_new _book_from_ideo_s_tom_and_david_kelley.html.

22. "From Terrifying to Terrific: The Creative Journey of the Adventure Series," *GE Healthcare: The Pulse*, January 29, 2014, http://newsroom. gehealthcare.com/from-terrifying-to-terrific-creative-journey-of-the- adventure-series/.

23. 迪茲的故事，請見設計思考的精彩權威版說明：Tom Kelley and David Kelley, *Creative Confidence Unleashing the Creative Potential Within*

Us All (New York: HarperCollins, 2015). Kelley and Kelley, "Kids Were Terrified of Getting MRIs."

24. "Doug Dietz: Transforming Healthcare for Children and Their Families," PenneyLaneOnline.com, January 24, 2013, http://www. penneylaneonline.com/2013/01/22/doug-dietz-transforming-healthcare-for-children-and-their-families/.

25. " 'Adventure Series' Rooms Help Distract Nervous Youngsters at Children's Hospital," May 28, 2012, *Pittsburgh Post-Gazette*, accessed June 11, 2017,http://www.post-gazette.com/news/health/2012/05/28/ Adventure-Series-rooms-help-distract-nervous-youngsters-at-Children-s-Hospital/stories/201205280159.

26. "From Terrifying to Terrific," *GE Healthcare: The Pulse*.

27. "Changing Experiences Through Empathy—The Adventure Series," This Is Design Thinking! July 6, 2015, http://thisisdesignthinking. net/2014/12/changing-experiences-through-empathy-ge-healthcares-adventure-series/.

28. Kelley and Kelley, "Kids Were Terrified of Getting MRIs." 讀者若有興趣進一步了解迪茲的經驗，亦可參考：Tom and David Kelley's *Creative Confidence: Unleashing the Creative Potential Within Us All* (New York: Crown Business, 2013) and Robert I. Sutton and Huggy Rao's *Scaling Up Excellence: Getting to More Without Settling for Less* (New York: Crown Business, 2014). 我大力仰賴這兩個優秀資料來源來摘要迪茲的個人發現。

29. Martin Lindström, *Small Data: The Tiny Clues That Uncover Huge Trends* (New York: Picador, 2017).

30. Jeffrey Guhin, "History (and Logic) Explains Why Neil deGrasse Tyson's Proposed Rational Nation Is a Terrible Idea," *Slate Magazine*, July 5, 2016, http://www.slate.com/articles/health_and_science/ science/2016/07/neil_degrasse _tyson_wants_a_nation_ruled_by_ evidence_but_evidence_explains.html.

31. David Leonhardt, "Procter & Gamble Shake-Up Follows Poor Profit Outlook," *New York Times*, June 9, 2000, http://www.nytimes. com/2000/06/09/business/procter-gamble-shake-up-followspoor-profit-outlook.html.

32. Nikhil Deogun and Robert Langreth, "Procter & Gamble Abandons Talks with Warner-Lambert and AHP," *Wall Street Journal*, January

25, 2000, http://www.wsj.com/articles/SB9487335295388533. "P&G Warning Hurts Dow," CNNMoney, March 7, 2000, http://money.cnn. com/2000/03/07/companies/procter/.

34. "P&G CEO Quits amid Woes," CNNMoney, June 8, 2000, http:// money.cnn.com/2000/06/08/companies/procter/.

35. Leonhardt, "Procter & Gamble Shake-Up." *"Proctoids":* Numerous public sources can be found that document P&G's turnaround under the leadership of CEO A. G. Lafley. 所有可得的資料來源中，我認為解 說得最清楚的是：Roger L. Martin's *The Design of Business: Why Design Thinking Is the Next Competitive Advantage* (Boston: Harvard Business Press, 2009)。馬丁（Martin）的著作是此一個案研究的主要資料來 源。

36. Dana Canedy, "A Consumer Products Giant Will Most Likely Stay With What It Knows," *New York Times*, January 25, 2000, http://www.nytimes. com/2000/01/25/business/a-consumer-products-giant-will-most-likely- stay-with-what-it-knows.html.

37. Warren Berger, *CAD Monkeys, Dinosaur Babies, and T-Shaped People: Inside the World of Design Thinking and How It Can Spark Creativity and Innovation* (New York: Penguin Books, 2010), chap. 6.5.

38. Kamil Michlewski, *Design Attitude* (Farnham, UK: Ashgate, 2015).

39. Jennifer Reingold, "Claudia Kotchka Glides from the Design World to the Business World and Back with Ease. Now She Has to Teach 110,000 Employees at Procter Gamble to Do the Same Thing," *Fast Company*, June 2005 http://www.fastcompany.com/53060/interpreter.

40. Roger L. Martin, *The Design of Business: Why Design Thinking Is the Next Competitive Advantage* (Boston: Harvard Business Press, 2009), 83.

41. 同前，87.

42. Warren Berger, *Glimmer: How Design Can Transform Your Life, and Maybe Even the World* (New York: Penguin Press, 2009), 172.

43. Martin, *Design of Business*, 86.

44. Reingold, "Claudia Kotchka Glides."

45. Sutton and Rao, *Scaling Up Excellence*, 20.

46. Dorothy Kalins, "Going Home with the Customers," *Newsweek*, May 22, 2005, http://www.newsweek.com/going-home-customers-119233.

47. Martin, *Design of Business*.

48. Harvard Business Review, "Innovation at Procter & Gamble,"

YouTube video, 14:27, June 23, 2008, http://www.youtube.com/watch?v=xvIUSxXrffc.

49. 同前。

50. Dev Patnaik, "Forget Design Thinking and Try Hybrid Thinking," *Fast Company*, August 25, 2009, http://www.fastcompany.com/1338960/forget-design-thinking-and-try-hybrid-thinking.

51. Sutton and Rao, *Scaling Up Excellence*, 5.

52. "Automation and Anxiety," *Economist*, June 25, 2016, accessed February 3, 2018, https://www.economist.com/news/special-report/21700758-will-smarter-machines-cause-mass-unemployment-automation-and-anxiety.170.

53. David Autor, "Polanyi's Paradox and the Shape of Employment Growth," *National Bureau of Economic Research*, 2014, doi:10.3386/w20485.

54. Mercatus Center, "Atul Gawande on Priorities, Big and Small," *Medium*, July 19, 2017, accessed October 9, 2017, https://medium.com/conversations-with-tyler/atul-gawande-checklist-books-tyler-cowen-d8268b8dfe53.

55. Andrew McAfee and Erik Brynjolfsson, *Machine Platform Crowd: Harnessing Our Digital Future* (New York: W. W. Norton & Company, 2017), 78.

56. Siddhartha Mukherjee, "A.I. Versus M.D.," *New Yorker*, June 19, 2017, accessed October 9, 2017, https://www.newyorker.com/magazine/2017/04/03/ai-versus-md.

57. Clayton M. Christensen and Michael E. Raynor, *The Innovator's Solution: Creating and Sustaining Successful Growth* (Boston: Harvard Business Review Press, 2013), 58.

58. "Weekly Adviser: Horror at Credit Scoring Is Not Just Foot-Dragging," American Banker, November 2, 1999, accessed October 15, 2017, https://www.americanbanker.com/news/weekly-adviser-horror-at-credit-scoring-is-not-just-foot-dragging.

59. Norm Augustine, "The Education Our Economy Needs," *Wall Street Journal*, September 21, 2011, https://www.wsj.com/articles/SB10001424053111904265504576568351324914730?mg=prod percent2Faccounts-wsj #articleTabs percent3Darticle.

60. William Taylor, *Simply Brilliant: How Great Organizations Do Ordinary Things in Extraordinary Ways* (London: Portfolio Penguin, 2016), 83.

61. Christian Madsbjerg, *Sensemaking: The Power of the Humanities in the Age of the Algorithm* (New York: Hachette Books, 2017); Cathy O'Neill, *Weapons of Math Destruction: How Big Data Increases in Equality and Threatens Democracy* (Great Britain: Penguin Books, 2017), Afterword.

62. Ethem Alpaydin, *Machine Learning: The New AI* (Cambridge, MA: MIT Press, 2016), 58, 162.

63. Larry Greenemeier, "20 Years After Deep Blue: How AI Has Advanced Since Conquering Chess," *Scientific American*, accessed October 9, 2017, https://www.scientificamerican.com/article/20-years-after-deep-blue-how-ai-has-advanced-since-conquering-chess/.

64. "Just like Airbnb," *Economist* January 6, 2015, accessed February 3, 2018, http://www.economist.com/blogs/democracyinamerica/2015/01/data-and-homelessness.

65. James Bessen, "The Automation Paradox," *Atlantic*, January 19, 2016, accessed July 15, 2017, https://www.theatlantic.com/business/archive/2016/01/automation-paradox/424437/.

66. James Bessen, "Scarce Skills, Not Scarce Jobs," *Atlantic*, April 27, 2015, accessed July 15, 2017, https://www.theatlantic.com/business/archive/2015/04/scarce-skills-not-scarce-jobs/390789/.

67. Christopher Mims, "Automation Can Actually Create More Jobs," *Wall Street Journal*, December 11, 2016, accessed November 19, 2017, https://www.wsj.com/articles/automation-can-actually-create-more-jobs-1481480200.

68. Vanessa Fuhrmans, "How the Robot Revolution Could Create 21 Million Jobs," *Wall Street Journal*, November 15, 2017, accessed November 19, 2017, https://www.wsj.com/articles/how-the-robot-revolution-could-create-21-million-jobs-1510758001; Mims, "Without Humans."

69. A. G. Lafley, "A Liberal Education: Preparation for Career Success," *Huffington Post*, December 6, 2011, http://www.huffingtonpost.com/ag-lafley/a-liberal-education-prepa_b_1132511.html.

第七章

1. Elizabeth Woyke, "Environmental Balance," *Forbes*, September 13, 2011, http://www.forbes.com/global/2011/0926/feature-environmental-balance-shih-revamp-taiwan-farms-woyke.html.

2. Michael V. Copeland, "The Man Behind the Netbook Craze," *Fortune*,

November 20, 2009, http://fortune.com/2009/11/20/the-man-behind-the-netbook-craze/.

3. Andrew S. Grove, *Only the Paranoid Survive* (New York: Doubleday, 1999); Willy C. Shih, Ho Howard Yu, and Hung-Chang Chiu, "Transforming ASUSTeK: Breaking from the Past," Harvard Business School Case 610-041, January 2010 (revised March 2010).

4. 許多台灣公司：此一個案研究的早期版本，分別以兩個個案研究的形式發表：Willy C. Shih, Ho Howard Yu, and Hung-Chang Chiu, "Transforming ASUSTeK: Breaking from the Past." Harvard Business School Case 610-041, January 2010 (Rev. March 2010) 與 Willy C. Shih, Chintay Shih, Hung-Chang Chiu, Yi-Ching Hsieh, and Ho Howard Yu, "ASUSTeK Computer Inc. Eee PC (A)." Harvard Business School Case 609-011, July 2008 (Rev September 2009). 哈佛商學院的史兆威教授（Willy Shih）鼓勵我研究台灣 PC 產業。相關研究發現發表於："Taiwan's PC Industry, 1976-2010: The Evolution of Organizational Capabilities," by Howard H. Yu and Willy C. Shih, *Business History Review,* Vol. 88, Issue 02, June 2014, pp. 329–357. Richard Lai, "The Past, Present and Future of ASUS, According to Its Chairman," Engadget, July 14, 2016, accessed February 3, 2018, https://www.engadget.com/2015/08/16/asus-chairman-jonney-shih-interview/.

5. Keith Bradsher, "In Taiwan, Lamenting a Lost Lead," *New York Times,* May 12, 2013, http://www.nytimes.com/2013/05/13/business/global/taiwan-tries-to-regain-its-lead-in-consumer-electronics.html.

6. Jeffrey S. Young and William L. Simon, *iCon: Steve Jobs, the Greatest Second Act in the History of Business* (Hoboken, NJ: Wiley, 2006).

7. Leander Kahney, "Inside Look at Birth of the iPod," *Wired,* July 21, 2004, https://www.wired.com/2004/07/inside-look-at-birth-of-the-ipod/.

8. Leander Kahney, *Inside Steve's Brain* (London: Atlantic Books, 2012); Steven Levy, *The Perfect Thing* (London: Ebury, 2007).

9. Department of Trade and Industry, "Strategy Alternatives for the British Motorcycle Industry," gov.uk, accessed July 10, 2017, https://www.gov.uk/government/publications/strategy-alternatives-for-the-british-motorcycle-industry.

10. American Honda 50th Anniversary Timeline, accessed July 8, 2017, http://hondanews.com/releases/american-honda-50th-anniversary-timeline?l=en-US&mode=print.

11. "Establishing American Honda Motor Co./1959," Honda Worldwide, accessed July 8, 2017, http://world.honda.com/history/challenge/1959est ablishingamericanhonda/page03.html.

12. Adam Richardson, "Lessons from Honda's Early Adaptive Strategy," *Harvard Business Review*, July 23, 2014, https://hbr.org/2011/02/lessons-from-hondas-early-adap.

13. Richard T. Pascale, *Perspectives on Strategy* (Palo Alto, CA: Graduate School of Business, Stanford University, 1982), 55.

14. Clayton M. Christensen, *The Innovator's Dilemma: When New Technologies Cause Great Firms to Fail* (Boston: Harvard Business Review Press, 2016), 150–153.

15. Richardson, "Lessons from Honda's Early Adaptive Strategy."

16. Henry Mintzberg and James A. Waters, "Of Strategies, Delibrate and Emergent," *Strategic Management Journal* 6, no. 3 (1985): 257–272, doi:10.1002/smj.4250060306.

17. Edwin Catmull and Amy Wallace, *Creativity, Inc. Overcoming the Unseen Forces That Stand in the Way of True Inspiration* (New York: Random House, 2015).

18. Amar Bhide, "Bootstrap Finance: The Art of Start-ups," *Harvard Business Review*, August 22, 2014, https://hbr.org/1992/11/bootstrap-finance-the-art-of-start-ups.

19. Justin D. Martin, "How to Predict Whether a New Media Venture Will Fail," *Quartz*, December 10, 2012, https://qz.com/35481/how-to-predict-whether-a-new-media-venture-will-fail/.

20. "The Lean Startup," The Lean Startup: The Movement That Is Transforming How New Products Are Built and Launched, accessed July 9, 2017, http://theleanstartup.com/.

21. J. L. Bower and C. G. Gilbert, eds., *From Resource Allocation to Strategy* (Oxford, New York: Oxford University Press, 2005).

22. R. A. Burgelman, "Intraorganizational Ecology of Strategy Making and Organizational Adaptation: Theory and Filed Research," *Organization Science* 2, no. 3 (1991): 239–262.

23. T. Noda and J. L. Bower, "Strategy Making as Iterated Processes of Resource Allocation," *Strategic Management Journal* 17, no. 7 (1996): 159–192.

24. C. G. Gilbert, "Unbundling the Structure of Inertia: Resource Versus

Routine Rigidity," *Academy of Management Journal* 48, no. 5 (2005): 741–763.

25. Christensen, *Innovator's Dilemma*.

26. Fortune Editors, "Is Google Suffering from Microsoft Syndrome?" Fortune.com, July 31, 2014, http://fortune.com/2011/08/04/is-google-suffering-from-microsoft-syndrome/.

27. Jessica E. Lessin, "Apple Gives In to Employee Perks," *Wall Street Journal*, November 12, 2012, https://www.wsj.com/articles/SB10001424127887324073504578115071154910456.

28. Steven Levy, "Google's Larry Page on Why Moon Shots Matter," *Wired*, January 17, 2013, accessed October 16, 2017, https://www.wired.com/2013/01/ff-qa-larry-page/.

29. "Google Inc. (NASDAQ:GOOG), 3M Company (NYSE:MMM)— Google: An Ecosystem of Entrepreneurs," Benzinga, accessed October 16, 2017, https://www.benzinga.com/general/10/09/498671/google-an-ecosystem-of-entrepreneurs.

30. Lara O'Reilly, "The 30 Biggest Media Companies in the World," *Business Insider*, May 31, 2016, http://www.businessinsider.com/the-30-biggest-media-owners-in-the-world-2016-5/#20-hearst-corporation-4-billion-in-media-revenue-11.

31. Eric Rosenberg, "The Business of Google (GOOG)," *Investopedia*, August 5, 2016, http://www.investopedia.com/articles/investing/020515/business-google.asp.

32. Zach Epstein, "Google Bought Motorola for $12.5B, Sold It for $2.9B, and Called the Deal 'a Success,'" *BGR*, February 13, 2014, http://bgr.com/2014/02/13/google-motorola-sale-interview-lenovo/.

33. Charlie Sorrel, "Google to Stop Selling Nexus One," *Wired*, June 4, 2017, https://www.wired.com/2010/07/google-to-stop-selling-nexus-one/.

34. Klint Finley, "Google Fiber Sheds Workers as It Looks to a Wireless Future," *Wired*, June 3, 2017, accessed October 16, 2017, https://www.wired.com/2017/02/google-fiber-restructure/.

35. Andrew Cave, "Why Google Glass Flopped," *Forbes*, February 15, 2015, https://www.forbes.com/sites/andrewcave/2015/01/20/a-failure-of-leadership-or-design-why-google-glass-flopped/.

36. Doug Gross, "Google: Self-Driving Cars Are Mastering City Streets," CNN, April 28, 2014, http://www.cnn.com/2014/04/28/tech/

innovation/google-self-driving-car/; Max Chafkin, "Uber's First Self-Driving Fleet Arrives in Pittsburgh This Month," Bloomberg.com, August 18, 2016, https://www.bloomberg.com/news/features/2016-08-18/uber-s-first-self-driving-fleet-arrives-in-pittsburgh-this-month-is06r7on; Neal E. Boudette, "Tesla Upgrades Autopilot in Cars on the Road," *New York Times*, September 23, 2016, https://www.nytimes.com/2016/09/24/business/tesla-upgrades-autopilot-in-cars-on-the-road.html.

37. Eugene Kim, "Jeff Bezos Says Amazon Is Not Afraid to Fail—These 9 Failures Show He's Not Kidding," *Business Insider*, October 21, 2015, http://www.businessinsider.com/amazons-biggest-flops-2015-10/#in-2012-amazon-shut-down-endlesscom-a-high-end-fashion-commerce-site-and-moved-it-under-amazoncomfashion-it-still-owns-other-non-amazon-branded-fashion-sites-like-zappos-and-shopbop-7.

38. Issie Lapowsky, "Jeff Bezos Defends the Fire Phone's Flop and Amazon's Dismal Earnings," *Wired*, June 2, 2017, https://www.wired.com/2014/12/jeff-bezos-ignition-conference/.

39. Austin Carr, "The Real Story Behind Jeff Bezos's Fire Phone Debacle and What It Means for Amazon's Future," *Fast Company*, July 8, 2017, https://www.fastcompany.com/3039887/under-fire.

40. Joshua Brustein and Spencer Soper, "The Real Story of How Amazon Built the Echo," Bloomberg.com, April 18, 2016, https://www.bloomberg.com/features/2016-amazon-echo/.

41. James F. Peltz and Makeda Easter, "Amazon Shakes up the Grocery Business with Its \$13.7-Billion Deal to Buy Whole Foods," *Los Angeles Times*, June 16, 2017, http://www.latimes.com/business/la-fi-amazon-whole-foods-20170616-story.html.

42. Tim Higgins and Nathan Olivarez-Giles, "Google Details New Pixel Smartphones, Amazon Echo Rival," *Wall Street Journal*, October 5, 2016, https://www.wsj.com/articles/google-to-detail-amazon-echo-fighter-called-home-new-phones-1475592365.

43. Sarah Perez, "Amazon's Alexa Passes 15,000 Skills, up from 10,000 in February," *TechCrunch*, July 3, 2017, https://techcrunch.com/2017/07/03/amazons-alexa-passes-15000-skills-up-from-10000-in-february/.

44. Mike Sullivan and Eugene Kim, "What Apple's HomePod Is Up Against," *Information*, June 20, 2017, https://www.theinformation.com/what-

apples-homepod-is-up-against.

45. Brian X. Chen, "Google Home vs. Amazon Echo. Let the Battle Begin," *New York Times*, May 18, 2016, https://www.nytimes.com/2016/05/19/technology/personaltech/google-home-a-smart-speaker-with-a-search-giant-for-a-brain.html?_r=0.

46. Richard H. Thaler, *Misbehaving: The Making of Behavioral Economics* (New York: W. W. Norton, 2016).

47. 「深潛法」（deep dive）的概念，首次發表於我在哈佛商學院博班期間的討論稿：Yu, Howard H., and Joseph L. Bower. "Taking a 'Deep Dive: What Only a Top Leader Can Do." Harvard Business School Working Paper, No. 09-109, April 2009 (Rev. February 2010, May 2010.) 此一研究後來榮獲二〇一〇年「以色列策略會議」（Israel Strategy Conference）的最佳論文獎（Best Paper Award）。見：Yu, Howard H., "Leopards Sometimes Change Their Spots: How Firms Manage a Shift between Strategic Archetypes" (September 9, 2010). Israel Strategy Conference, 2010. Available at SSRN: https://ssrn.com/abstract=1733430. 此一發現要感謝我的論文委員會主席喬瑟夫・鮑爾（Joseph Bower）。

結語

1. Kim Gittleson, "Can a Company Live Forever?" *BBC News*, January 19, 2012, http://www.bbc.com/news/business-16611040.

2. Neil Dahlstrom and Jeremy Dahlstrom, *The John Deere Story: A Biography of Plowmakers John & Charles Deere* (DeKalb: Northern Illinois University Press, 2007), 12–14.

3. Margaret Hall, *John Deere* (Chicago: Heinemann Library, 2004), 30.

4. David Magee, *The John Deere Way: Performance That Endures* (Hoboken, NJ: John Wiley, 2005), 6.

5. Randy Leffingwell, *Classic Farm Tractors: History of the Farm Tractor* (New York: Crestline, 2010), 82.

6. Magee, *The John Deere Way*, 57.

7. Ronald K. Leonard and Richard Teal, *John Deere Snowmobiles: Development, Production, Competition and Evolution, 1971–1983* (Jefferson, NC: McFarland & Company, 2014), 15.

8. Andrea Peterson, "Google Didn't Lead the Self-Driving Vehicle Revolution. John Deere Did," *Washington Post*, June 22, 2015, https://

www.washingtonpost.com/news/the-switch/wp/2015/06/22/google-didnt-lead-the-self-driving-vehicle-revolution-john-deere-did/?utm_term=.402c93254201.

9. Pietra Rivoli, *The Travels of a T-Shirt in the Global Economy* (Hoboken, NJ: Wiley, 2009), 41.

10. USDA ERS, "Glossary," accessed July 14, 2017, https://www.ers.usda.gov/topics/farm-economy/farm-household-well-being/glossary.aspx#familyfarm.

11. Michael E. Porter and James E. Heppelmann, "How Smart, Connected Products Are Transforming Competition," *Harvard Business Review*, March 17, 2017, https://hbr.org/2014/11/how-smart-connected-products-are-transforming-competition.

12. Andrew McAfee and Erik Brynjolfsson, *Machine Platform Crowd: Harnessing Our Digital Future* (New York: W. W. Norton, 2017), 204.

13. "Why Fintech Won't Kill Banks," *Economist*, June 16, 2015, accessed October 20, 2017, https://www.economist.com/blogs/economist-explains/2015/06/economist-explains-12.

14. DuPont Pioneer and John Deere, "DuPont Pioneer and John Deere Help Growers to See More Green," Pioneer Hi-Bred News Releases, May 24, 2016, https://www.pioneer.com/home/site/about/news-media/news-releases/template.CONENT/guid.0642711A-FCCC-A4F0-21A6-AF150D49ED01.

15. Ina Fried, "John Deere Quietly Opens Tech Office in San Francisco," *Axios*, June 26, 2017, https://www.axios.com/john-deere-quietly-opens-a-lab-in-san-francisco-2448240040.html.

國家圖書館出版品預行編目（CIP）資料

躍競思維／俞昊（Howard Yu）著；許恬寧譯.
-- 第一版 . -- 臺北市：天下雜誌，2019.05

　　面；　公分 . -- （天下財經；376）

譯自：Leap : how to thrive in a world where
　　　　everything can be copied

ISBN 978-986-398-412-2(平裝)

1. 策略管理　2. 企業競爭

494.1　　　　　　　　　　　　　108002053

躍競思維
LEAP: How to Thrive in a World Where Everything Can Be Copied

作　　者／俞昊（Howard Yu）
譯　　者／許恬寧
封面設計／三人制創
內文排版／喬拉拉・多福羅賓
責任編輯／許　湘

發 行 人／殷允芃
出版一部總編輯／吳韻儀
出 版 者／天下雜誌股份有限公司
地　　址／台北市 104 南京東路二段 139 號 11 樓
讀者服務／（02）2662-0332　　傳真／（02）2662-6048
天下雜誌 GROUP 網址／ http://www.cw.com.tw
劃撥帳號／ 01895001 天下雜誌股份有限公司
法律顧問／台英國際商務法律事務所・羅明通律師
總 經 銷／大和圖書有限公司　　電話／（02）8990-2588
出版日期／ 2019 年 5 月 3 日第一版第一次印行
定　　價／ 400 元

書號：BCCF0376P
ISBN：978-986-398-412-2（平裝）

天下網路書店 http://www.cwbook.com.tw
天下雜誌我讀網 http://books.cw.com.tw/
天下讀者俱樂部 Facebook http://www.facebook.com/cwbookclub